人力资源和社会保障部职业能力建设司推荐
冶金行业职业教育培训规划教材

炼钢厂生产安全知识

邵明天　柳润民　刁承民
奚玉夫　贾秀英　李殿明　编著

北　京
冶金工业出版社
2011

内 容 提 要

本书紧密结合炼钢厂生产实际,介绍了炼钢厂安全管理、人身伤害事故类型及预防、安全生产检查与隐患整改、危险源辨识与控制、事故预案及救援等,总结了炼钢厂有关安全生产的经验教训,并列举了大量的案例。

本书是职业技能培训教材,也可作为职业技术院校相关专业的教材以及安全技术管理人员的参考书。

图书在版编目(CIP)数据

炼钢厂生产安全知识/邵明天等编著. —北京:冶金工业出版社,2011.9
冶金行业职业教育培训规划教材
ISBN 978-7-5024-5550-7

Ⅰ. ① 炼… Ⅱ. ① 邵… Ⅲ. ① 炼钢厂—安全生产—技术培训—教材 Ⅳ. ① TF758.8

中国版本图书馆 CIP 数据核字(2011)第 062126 号

出 版 人 曹胜利
地   址 北京北河沿大街嵩祝院北巷 39 号,邮编 100009
电   话 (010)64027926 电子信箱 yjcbs@cnmip.com.cn
责任编辑 马文欢 美术编辑 李 新 版式设计 葛新霞
责任校对 刘 倩 责任印制 张祺鑫
ISBN 978-7-5024-5550-7
北京印刷一厂印刷;冶金工业出版社发行;各地新华书店经销
2011 年 9 月第 1 版,2011 年 9 月第 1 次印刷
787 mm×1092 mm 1/16;10.5 印张;279 千字;153 页
29.00 元
冶金工业出版社发行部 电话:(010)64044283 传真:(010)64027893
冶金书店 地址:北京东四西大街 46 号(100010) 电话:(010)65289081(兼传真)
(本书如有印装质量问题,本社发行部负责退换)

冶金行业职业教育培训规划教材
编辑委员会

委　员

宝钢集团上海梅山公司	朱胜才	吴文章	天津钢管集团公司		雷希梅
萍乡钢铁公司	邓　玲	董智萍	江西新余钢铁公司		张　钧
武钢集团鄂城钢铁公司	袁立庆	汪中汝	江苏苏钢集团公司		李海宽
太钢集团临汾钢铁公司	雷振西	张继忠	邯郸纵横钢铁集团公司		阚永梅
广州钢铁企业集团公司	张乔木	尹　伊	石家庄钢铁公司		金艳娟
承德钢铁集团公司	魏洪如	高　影	济源钢铁集团公司		李全国
首钢迁安钢铁公司	习　今	王　蕾	华菱衡阳钢管集团公司		王美明
淮阴钢铁集团公司	刘　瑾	王灿秀	港陆钢铁公司		曹立国
中国黄金集团夹皮沟矿业公司	贾元新		衡水薄板公司		魏虎平
河北工业职业技术学院	袁建路	李文兴	吉林昊融有色金属公司		张晓满
昆明冶金高等专科学校	卢宇飞	周晓四	津西钢铁公司		王继宗
山西工程职业技术学院	王明海	史学红	鹿泉钢铁公司		杜会武
吉林电子信息职技学院	张喜春	陈国山	河北省冶金研究院		彭万树
安徽工业职业技术学院	李庆峰	秦新桥	中国钢协职业培训中心		梁妍琳
山东工业职业学院	王庆义	王庆春	有色金属工业人才中心		宋　凯
安徽冶金科技职技学院	郑新民	梁赤民	河北科技大学		冯　捷
中国中钢集团	刘增田	秦光华	冶金职业技能鉴定中心		张志刚

特邀委员

北京中智信达教育科技有限公司	董事长	王建敏
山东星科教育设备集团	董事长	王　继
北京金恒博远冶金技术发展有限公司	董事长	徐肖伟

秘　书

冶金工业出版社　　　　　宋　良（010-64027900，3bs@cnmip.com.cn）

序

吴溪淳

改革开放以来，我国经济和社会发展取得了辉煌成就，冶金工业实现了持续、快速、健康发展，钢产量已连续数年位居世界首位。这其间凝结着冶金行业广大职工的智慧和心血，包含着千千万万产业工人的汗水和辛劳。实践证明，人才是兴国之本、富民之基和发展之源，是科技创新、经济发展和社会进步的探索者、实践者和推动者。冶金行业中的高技能人才是推动技术创新、实现科技成果转化不可缺少的重要力量，其数量能否迅速增长、素质能否不断提高，关系到冶金行业核心竞争力的强弱。同时，冶金行业作为国家基础产业，拥有数百万从业人员，其综合素质关系到我国产业工人队伍整体素质，关系到工人阶级自身先进性在新的历史条件下的巩固和发展，直接关系到我国综合国力能否不断增强。

强化职业技能培训工作，提高企业核心竞争力，是国民经济可持续发展的重要保障，党中央和国务院给予了高度重视，明确提出人才立国的发展战略。结合《职业教育法》的颁布实施，职业教育工作已出现长期稳定发展的新局面。作为行业职业教育的基础，教材建设工作也应认真贯彻落实科学发展观，坚持职业教育面向人人、面向社会的发展方向和以服务为宗旨、以就业为导向的发展方针，适时扩大编者队伍，优化配置教材选题，不断提高编写质量，为冶金行业的现代化建设打下坚实的基础。

为了搞好冶金行业的职业技能培训工作，冶金工业出版社在人力资源和社会保障部职业能力建设司和中国钢铁工业协会组织人事部的指导下，同河北工业职业技术学院、昆明冶金高等专科学校、吉林电子信息职业技术学院、山西工程职业技术学院、山东工业职业学院、安徽工业职业技术学院、安徽冶金科技职业技术学院、济钢集团总公司、宝钢集团上海梅山公司、中国职工教育和职业培训协会冶金分会、中国钢协职业培训中心等单位密切协作，联合有关冶金企业和高等院校，编写了这套冶金行业职业教育培训规划教材，并经人力资源和社会保障部职业培训教材工作委员会组织专家评审通过，由人力资源和社会保障部职业能力建设司给予推荐，有关学校、企业的编写人员在时间紧、任务重的情况下，克服困难，辛勤工作，在相关科研院所的工程技术人员的积极参与和大力支持下，出色地完成了前期工作，为冶金行业的职业技能培训工作的顺利进行，打下了坚实的基础。相信这套教材的出版，将为冶金企业生产一线人员理论水平、操作水平和管理水平的进一步提高，企业核心竞争力的不断增强，起到积极的推进作用。

随着近年来冶金行业的高速发展，职业技能培训工作也取得了令人瞩目的成绩，绝大多数企业建立了完善的职工教育培训体系，职工素质不断提高，为我国冶金行业的发展提供了强大的人力资源支持。今后培训工作的重点，应继续注重职业技能培训工作者队伍的建设，丰富教材品种，加强对高技能人才的培养，进一步强化岗前培训，深化企业间、国际间的合作，开辟冶金行业职业培训工作的新局面。

展望未来，任重而道远。希望各冶金企业与相关院校、出版部门进一步开拓思路，加强合作，全面提升从业人员的素质，要在冶金企业的职工队伍中培养一批刻苦学习、岗位成才的带头人，培养一批推动技术创新、实现科技成果转化的带头人，培养一批提高生产效率、提升产品质量的带头人；不断创新，不断发展，力争使我国冶金行业职业技能培训工作跨上一个新台阶，为冶金行业持续、稳定、健康发展，做出新的贡献！

本 书 序

诗人问:"是生存,还是死亡?"

哲人说:"艰难和困惑是生命的本身。"

我思考了许久,得到了答案——安全。因为有了安全,我们生存的权利才能得到保证;因为有了安全,我们生命的尊严才能得到捍卫;因为有了安全,我们的生活才会被注入无限的力量。

人世间没有比生命还可贵的东西,安全事关职工的生命和家庭的幸福。"高高兴兴上班,平平安安下班"是每一位职工共同的冀望。近年来,全国范围内各种安全事故频发,很多事故让我们触目惊心。那些无视安全的不轨之为,那些可悲可叹的惨痛经历,无一不凸显出肇事者对生命的轻视,无一不暴露出违章人对制度的淡漠。

从事故中我们知道安全可贵,从事故中我们总结安全教训,这是事故留给我们的唯一利益。冶金企业,由于高温作业、高空作业、高危作业和交叉作业多,属于生产安全高风险企业。我们清醒地知道,忽视安全抓生产是火中取栗,脱离安全求效益如水中捞月。安全搞得好不好,安全教育到不到位,安全防护和应急处理预案全面不全面,都体现出我们对生命的重视程度,都折射出我们对职工的拳拳之心。这涉及我们这个企业能不能得到社会的敬重和生存发展的允许,是我们企业一个整体生命的问题。

我们认真地对待安全,并将这一理念提升到关乎生命的高度,使之成为我们的一种行事准则和价值观。任何对安全的忽视,都是对生命的蔑视。我们恐惧过,我们也经历过,但我们决不放弃追求安全生产无事故的决心。

安全是行为,不是口号。"安全"二字,只有每天工整地用行动来书写,才会著出人生幸福的篇章。

安全是意识,不是技能。有了警惕,事故就会躲开;有了防范,事故才会远离。

安全是预防,不是补救。时时刻刻,保持头脑的清醒比头戴安全帽更重要。

予人玫瑰,手有余香。我们付出种种艰辛,用我们的耐心、细心和诚心,换取生产的安全运行。我们将一如既往,关注安全,关爱生命。

蔡漳平

2011 年 1 月

前　言

"严是爱,松是害","宁听骂声,不听哭声",安全是职工最大的福利,用"天使的心、魔鬼的手",怎么抓安全都不过分。

安全环保工作事关每一名职工的生命与健康,事关企业的信誉和形象,事关企业能否有权力持续生存。无论是国家的政治经济发展的需要,还是员工、社区的要求,安全工作都必须持续改进、永不懈怠。作为企业领导,抓安全就是要让职工认可,抓安全是对职工以及其家庭的爱护,让每位员工"体面地工作,平安地回家",这是我们管理人员的责任,我们自始至终都要负起这份责任。

当前,对全国安全生产形势的基本认识是"总体稳定、趋于好转的发展态势与依然严峻的现实并存",这也是我国在今后一个较长时期里,安全生产的发展趋势。安全生产工作只有开始,没有结束,不能想象安全生产问题能在较短的时间里从根本上得到解决,要继续深化做好长期艰苦细致工作的观念。党中央、国务院提出和确立了"安全发展"的指导思想,把"安全发展"作为落实科学发展观和建设社会主义和谐社会的一项重要任务,而我们作为企业的领导者,就应该以更清醒的认识、更鲜明的立场、更有力的措施,推动安全生产与经济社会同步、协调发展。

近年来,党、国家和社会各界对我国钢铁企业的安全生产问题给予了普遍关注。在"安全第一,预防为主"方针的指引下,各级各部门领导都高度重视钢铁企业的安全生产工作,把关注员工生命健康作为第一要务,积极贯彻方针政策,认真落实保护措施,不断吸取管理经验,探索管理新路子,这一系列的方法使得钢铁企业安全管理水平不断提高,也逐渐形成了具有炼钢特色的安全管理模式,全行业的安全生产已卓有成效。然而,一些钢铁厂发生的群死群伤的重大事故,导致企业关闭整改、对领导责任进行刑事追究等等,都在提醒我们,钢铁企业安全生产的现状仍不容乐观。

安全发展要以人为本,首要的是以人的生命为本;科学发展,首要的是安全发展;构建和谐社会,首要的是关爱生命。安全生产是一个系统工程,涉及方方面面,作为领导者来说,保护职工的健康权、生存权,是我们管理者义不容辞的责任,是我们各级管理者长期的工作。

正是本着这样的心态,为了适应新形势下炼钢企业安全发展的需要,我们在深入探讨和研究国内外炼钢企业的安全形势的前提下,紧密结合炼钢生产实际,编写了本书,以方便炼钢厂各级安全生产管理部门及从业人员进行培训学习。其内容包括安全管理、人身伤害事故类型及预防、危险源辨识与控制,并结合炼钢厂生产现状,对主要危险因素进行系统分析并对应急控制措施等进行介绍,涉及安全工作的方方面面。

希望本书能够成为广大炼钢员工的良师益友,对增强安全意识、提高安全知识水平和技能、促进炼钢厂安全生产工作深入开展产生积极影响。通过学习培训,使我们安全管理的各种方法——安全教育、安全培训、安全演练、安全氛围、安全管理和处罚等,真正形成特有的安全文化。安全文化的最高境界就是"认可和信奉"。达到这样一种境界的团队,将是一支高素质的团队;达到这样境界的团队,才会所向披靡,无往不胜。

本书由邵明天、柳润民、刁承民、奚玉夫、贾秀英、李殿明编著;此外,张润生、张海昆、刘华、孙凤晓等也参与了编写工作。

在编写过程中,我们参阅了有关安全管理、炼钢安全生产等方面的大量文献,在此向有关作者及出版单位深表感谢。

本书力求科学、准确、严谨。书中如有不足之处,恳请广大读者及同业人士批评指正。

邵明天
2011 年 1 月

目　录

概　　论

　　钢铁生产是一个高温高压、易燃易爆、有毒有害的高风险作业过程。随着冶金行业的高速发展,我国钢铁产量已经连续几年跃居世界第一。但是由于急速的规模扩展,生产手段的日益现代化,安全问题也随之凸显出来,冶金行业不断地发生重大恶性事故。据不完全统计,在冶金行业,我国目前的百万吨钢死亡率是美国的20倍、日本的80倍。另外,我国每年因工伤事故和职业病造成的经济损失为800亿~2000亿元人民币,冶金行业所占的比重仅少于煤矿行业,居于第二位。根据历史事故统计分析,钢铁企业潜在的重大安全事故主要有火灾事故、爆炸事故、煤气中毒事故等几大类。事故的发生有管理方面的原因,也有装备水平低、人员素质不高、安全意识不强等各方面的原因。因此,加强安全管理、强化安全教育、增进安全意识、消除安全隐患、提高技术素质、完善安全制度、建立健全事故应急机制、采用先进技术科学管理来避免钢铁企业事故发生成为必然。但安全问题的解决不可能一蹴而就,因为它不是一个部门的事,所以解决安全问题要采用综合性措施,常抓不懈。随着现代社会经济的飞速发展,科技的不断进步,人民的生活水平普遍提高,在人的最基本的物质需求得到一定的满足以后,人们越来越希望自己生活和工作在一个安全、舒适的环境中。因此,安全需要便成了人们的第一需要。

　　要想控制事故,保证安全生产,首要的是要了解触发事故的原因。我们知道,事故与原因之间的关系是复杂的,因此,它所表现的形式也是多种多样的,有人为原因、物质原因、环境原因等等。根据生产事故统计调查得知,在事故发生的原因中,最主要的原因就是人的不安全行为、物的不安全状态以及制约这两种因素的管理原因。在人的不安全行为中,重点要素是人的安全意识和安全技能;物的不安全状态的重点要素则是设备、设施缺陷。任何事故的发生都是由于人的不安全行为和物的不安全状态相交而发生的,即人的不安全行为触发了物的不安全状态而导致事故发生。而人的不安全行为和物的不安全状态都是由于管理控制缺陷造成的。管理原因制约着人、物原因,只要管理控制措施上存在着缺陷就会促成引发事故的人为或物质因素的存在,引起事故的发生。

　　要树立"职工不遵章守纪就是害自己、害企业;领导干部和管理人员不大胆管理就是害职工、害企业"的安全核心价值观,强化安全管理责任落实;积极倡导"以人为本、自主管理、全员参与"的安全管理理念,培养一个令行禁止的基层队伍,全面提高基层职业素质,从而带动提升全员的自主安全意识。要以标准化作业为基础,以实现"本质安全"为目标,结合炼钢生产的特点,建立完善安全生产责任体系,重点处理好引发事故的人的不安全行为和物的不安全状态两大关键因素,突出关注炼钢作业区域需重点防范的"高温液体灼伤、机械伤害、中毒与窒息"三种伤害,做到安全工作人人有责任、人人有义务,实现全员抓安全的合力,促进炼钢安全管理水平不断提高。

1　炼钢厂安全管理

1.1　炼钢厂安全管理的特点及重点

安全是一个综合性的学科,是一门学问,比较复杂,不是哪一个人、哪一个单位的事,它覆盖全厂的各个方面。安全的基础是生产、技术、设备、环境和管理等防范措施到位,只有具备这些基础条件才能为生命起保障作用。

安全管理的关键是抓落实,安全管理的基础是规程和制度,安全管理是综合管理、综合素质的体现。

1.1.1　炼钢厂安全管理的特点

炼钢厂安全管理具有如下特点:

(1) 安全管理涉及面广。炼钢生产涉及冶炼、动力、煤气回收及利用、机械维修、汽(铁)运输等众多环节,安全管理的面较广。

(2) 生产工艺复杂导致危害种类多。炼钢工艺过程既有高温、高压、高粉尘的危害,又有有毒有害及易燃易爆和坠落、挤压等危害。特别是生产中的高温液体运输、转炉爆炸、介质中毒窒息等危害性较大。

(3) 设备门类众多导致危害种类多。炼钢生产需要特有的转炉、电炉、精炼炉、连铸机、起重机械等,还需要机械维修、重物运输、基建作业所必需的各类机械。因其受设计、施工、维检等方面主客观因素影响,冶金设备存在各种危险。

(4) 受自然条件约束较多。炼钢生产的主体生产设备及辅助系统受自然条件约束较大,例如地震灾害、严寒冰冻、酷暑暴雨等都可以造成钢铁企业重大财产损失及人员伤亡等。

1.1.2　炼钢厂安全管理的重点

在炼钢生产中,人往往同大型机器设备密切联系在一起。人是安全生产过程中起决定作用的因素,企业的设备、工具和原材料等,都要由车间、班组掌握使用;企业的生产、技术、经营管理和各项规章制度的贯彻落实,也要通过车间、班组的活动来实现。尤其是班组,是企业的基础,是企业取得安全、优质、高效的关键所在。从安全角度来说,班组是控制事故的前沿阵地,是企业安全管理的基本环节,加强班组安全建设是企业加强安全生产管理的关键,也是减少工伤事故和各类灾害事故最切实、最有效的办法。每个班组在每日工作的开始实施阶段和结束总结阶段,应自始至终地认真贯彻"五同时",即班组长在计划、布置、检查、总结、考核生产的同时,计划、布置、检查、总结、考核安全工作,对安全指标与生产指标一起进行检查考核。因此,应认真开好班前、班后会,做到一日安全工作程序化,即班前布置安全、班后检查安全,将安全工作列为班前、班后会的重点内容。可以说,班前、班后会成功与否,是班组安全管理水平的一个标志。做好安全检查、整改工作车间安全检查除了按企业要求外,还可利用各种机会,如结合周末清扫组织大检查。要求工人在生产前对安全防护装置、保险装置、安全用具以及其他安全措施进行认真检查。车间安全检查的目的是发现隐患,落实整改措施,消除和克服不安全因素,做到防患于未然。安全工作要做到"三不放过"，即事故原因分析不清不放过、本人和群众受不到教育不放过、没有制订出切实可行的防范措施不放过。

有些员工自认为对设备非常熟悉或者操作非常有经验，往往不注意细节而造成悲剧。因此，操作员工一定要时时、事事注意安全，做到"要我安全→我要安全→我懂安全→我会安全"的转变。加强班组安全建设，充分利用好班前班后会，把车间安全思想贯彻到各个班组、每位员工是确保安全生产的前提。车间是企业生产活动的基层单位，是企业完成安全生产各项目标的主要承担者和直接实现者，因此，企业安全管理的各项工作必须紧密围绕生产车间与班组开展才有效。车间班组的安全生产管理重点在现场。

（1）生产现场环境清洁卫生，无脏乱差死角，安全卫生设施完善；

（2）机器、设备、管理整洁，安全附件齐全，严格执行设备巡回检查制度，及时消除事故隐患，及时消除跑冒滴漏；

（3）班组人员经安全培训合格，会正确穿戴和使用劳保用品，严格执行安全纪律、工艺纪律、劳动纪律，各种原始记录做到标准化、规范化、书写工整；

（4）原料、半成品、产品摆放整齐，各种工具器材实行定置化，使物流有序，安全标志齐全醒目；

（5）岗位工艺技术规程、设备维护检修规程、安全技术规程齐全，班组和岗位有安全规章制度；

（6）班组在生产现场要做好各种信息的收集、传递、分析、处理工作，及时了解安全生产情况，及时处理生产中反映出的问题。

"安全第一、预防为主"，安全是企业稳定的基石，是企业的生命线、效益的前提。安全管理应全方位、全天候、全过程、全员管理，即横向到边，纵向到底。只要车间对安全管理领导组织有力，制度完善，落实到位，一定能消除事故隐患。这样，我们才能真正实现安全稳定运行，使安全生产长治久安。

1.1.3　安全管理的落实

安全管理的基础是制度和规程。管理制度是依法治厂、实行制度化管理的基础，是提高职工责任心和规范职工行为的手段；安全规程是指导职工岗位作业、确保作业安全的关键文件。

制度和规程的执行保障是落实：

（1）按照"科学性、可行性、完整性、前瞻性"的要求，编制安全管理制度和安全规程，安全管理重在落实安全生产逐级负责制，加大监督和奖罚力度。

（2）在职工严格执行安全规程和岗位作业规程的基础上，加强对岗位和工序的严格控制，确保每一步操作、每一个工艺参数在规程规定范围之内，最大限度地减少作业失误，避免因为小的失误造成大的混乱。

（3）冷静总结和分析每一次生产的经验和不足，认真摸索、掌握并遵循生产技术规律。

1.2　安全管理存在问题及主要对策

1.2.1　安全管理存在的主要问题

近些年来，我国经济高速发展对钢铁需求的强劲拉动，促使冶金行业超常规发展，炼钢行业首当其冲。1996 年我国首次突破年产钢 1 亿吨，以后连续保持了世界第一产钢大国的地位。2009 年我国粗钢产量 5.678 亿吨，同比增长 13.5%，占全球总产量的 46.6%。加之近年来冶金

行业安全管理体制几经演变,使得冶金行业安全管理存在一些显见和潜在的问题。主要表现为:

(1) 超设计能力生产突出。由于经济高速发展,钢材市场供不应求,不少炼钢企业为更多地获得经济效益,在生产场地、工业布局受限的情况下扩大生产规模,使炼钢生产超设计能力,地方炼钢特别是民营企业,严重超能力生产使炼钢的职业危害隐患突显。

(2) 安全监控防护设施缺少。国家安全生产监督管理总局对部分省市冶金企业督察情况表明,有的企业无视冶金安全,对在线主体生产设备仓促建设投产,对产用煤气等介质、压力容器等参数,没有安装必要的监控报警与防护设施,一旦发生生产事故将导致员工重大伤亡。

(3) 安全生产意识不强。无论是国有企业还是民营企业,都不同程度地存在对安全生产工作重视不够、安全生产意识不强的问题。

(4) 对重大危险源防范不足。对重大危险源缺乏规范、科学的辨识和登记建档;重大危险源监控制度不健全或不落实;事故应急预案针对性差,可操作性不强,并缺乏必要的演练。

(5) 安全管理专业人才短缺。一些企业改制后,安全管理组织机构和职能削弱,专职人员减少,工作条件缺乏,安全管理岗位评价明显低于生产岗位和一些技术岗位,安全管理缺乏高素质的专业人才,安全管理难以有效实施。

(6) 企业建设项目"三同时"管理弱化。"三同时"是指生产性基本建设项目中的劳动安全卫生设施必须符合国家规定的标准,必须与主体工程同时设计、同时施工、同时投入生产和使用,以确保建设项目竣工投产后,符合国家规定的劳动安全卫生标准,保障劳动者在生产过程中的安全与健康。我国部分冶金企业,特别是民营企业对新建转炉没有按规定开展安全预评价工作,甚至存在无资质设计、无资质施工及无竣工验收等问题。其突出表现在大量的建设项目未能认真执行安全生产"三同时"有关规定,使"安全第一、预防为主"的安全生产工作方针没有得到落实,预防工作失去了基础,非公有制企业尤为突出,重生产、轻安全的倾向较为严重。

(7) 民营企业问题严重。多数民营企业安全管理十分脆弱,加之近年来生产规模不断扩大,安全管理工作存在很多问题。小企业迅速发展,安全生产工作基础薄弱,企业法人或经营者法律观念淡薄,对国家安全生产法律法规知识知之甚少,管理人员或外聘职业经纪人,或采用家族成员,业务水平不适应企业安全管理;职工缺乏必要的安全生产意识。

(8) 安全生产投入严重不足。我国炼钢行业状况是老企业安全欠账较多,新建的大部分民营企业又受资金与技术的限制,严重影响安全生产的工艺技术及装备的有效投入。企业生产工艺落后,设备陈旧,有的使用已经退役、淘汰的工艺、设备,缺少基本的安全防护措施。

同时,现行法规存在的缺陷使职业卫生管理等职能分散,以及安全科研机构及中介机构作为政府技术支撑作用发挥不够,造成部分地方政府安全监督管理人员缺乏冶金行业安全的监管方法,造成"大的安全问题无力发现,小的安全问题视而不见"的监督管理疲软局面。钢铁生产形势好,能赚钱,企业是不是就把安全放在第一位了呢?"近几年冶金企业事故频发,主要集中在中小企业、私营企业。"刘成江说:"国有大企业,像宝钢、武钢等,装备比较好,管理层次比较高,人的素质也比较高。这些大企业和国际接轨,管理模式、方式、理念都比较先进。小企业自身装备就有问题,管理上也不到位,也不重视,怎能不出事故?"

1.2.2　提高安全管理水平的主要对策

可以采取以下对策来提高安全管理水平:

(1) 增强领导的安全生产观念。领导是企业中重大事项的决策人,是企业中各项工作的带头人,在"厂长、经理负责制"的管理体系中,企业领导犹如职工的衣食父母。因此,加强企业领导对安全生产的深入认识是真正实现安全生产的关键环节。

（2）加大对企业职工安全教育的力度,培养其安全意识,坚决杜绝违规操作。企业职工是生产作业的实施者也是安全事故的直接受害者。只有彻底地转变职工思想,让其从被动地接受安全教育的听者转变为主动地参加安全教育的"学者",从而杜绝违规操作现象,才能从根本上解决安全事故问题。

（3）淘汰落后设备、工艺,从技术上保障企业的安全生产。落后的机器设备本身就存在着发生安全事故的可能性。企业要在维护、保养现有机器设备的同时,淘汰落后的设备和生产工艺,从各个方面对职工进行业务培训,鼓励职工在结合工作实际的同时进行科学技术方面的研究并引进国内外钢铁企业的先进技术以保障企业的安全生产。

（4）不断更新和完善企业的安全规程和劳动纪律。企业职工违规操作的原因除了有职工的安全意识淡薄外,安全操作规程缺乏实际操作性也是不容忽视的原因。因此,企业应根据实际情况的变化不断地调整、完善安全操作规程,提高它的可操作性,使职工乐于遵守该规程。而且,企业在制定劳动纪律时应充分考虑相关因素,在对违规操作、忽视安全的职工进行一定处罚的同时,更应该重视正面引导对职工遵守安全操作规程的作用。可以对发现重大安全隐患和模范的遵章操作的职工给予一定的精神和物质的奖励,形成以奖励为主、以处罚为辅的劳动纪律。

（5）建立健全企业的安全管理体制和应急预案。一些钢铁企业内部没有形成完善的安全管理体制,也没有行之有效的安全事故应急预案,以至于重大安全事故发生时,企业领导互相推诿,拿不出一套系统有效的解决问题的方案,职工由于缺乏统一协调的指挥,也陷入混乱之中,从而给企业带来了许多不必要的损失。因此,在钢铁企业中应逐步建立健全安全管理的体制,在该体制下各责任人员分工明确、各司其职、各负其责,以便更好地解决和预防安全事故的发生。

（6）及时分析事故原因,对安全隐患有效整改,避免"二次事故"的发生。在本企业或其他企业发生事故后,相关负责人员应组织成立专门研究小组分析事故原因,对现存的隐患进行及时有效的整改并将研究结论整理成书面材料层层传达至企业职工,从而避免相同事故的再次发生。明确责任人的内部责任和法律责任。事故发生后追究责任人责任的意义不仅在于对其进行惩罚,更在于对他人的教育和警戒,因此,对于安全事故中的责任人员应根据其过错程度追究其内部责任,触犯法律的还应承担相应的法律责任。

1.2.3　安全管理 1234 法

安全管理 1234 法的具体内容如下:

（1）完善"一套"安全管理体系。在现有的炼钢厂职业健康安全体系的基础上,结合目前的安全形势和炼钢厂的特点,发动全员集思广益,共同完善体系文件,使其体系文件更有可操作性、职责到位、责任明确。在落实责任方面真正体现一级对一级负责,形成一个完善的安全管理网络。

（2）控制"两大"不安全因素。一是人的不安全行为,指造成事故的人为错误,包括引起事故的不安全动作,也包括应该按照安全规程去做而没有做的行为;二是物的不安全状态,指直接形成或能导致事故发生的物质条件,包括物体、物质、作业环境潜在的危险。不安全状态反映事故发生的物质方面的原因。人的不安全因素,在客观上是存在于生产工序和维修队伍之中的,对这一点必须高度重视,消除或避免因人的不安全行为引发安全事故,是一项艰巨的任务。物的不安全状态,主要表现在设备设施等存在的隐患,由于炼钢过程本身的危险性及设备设施高负荷运转,隐患会不断暴露出来,这种隐患一旦爆发将是灾难性的。因此目前最有效的手段就是控制与防范,那就是全面系统地开展隐患排查,及时发现并消除隐患。在人的管理方面,要求全员做到遵章守纪,按制度管理、按规程操作。

（3）重点做好"三种"人身伤害事故的控制。一是中毒与窒息，二是烫伤，三是机械伤害。如何杜绝人身伤害，这是摆在我们面前的一项政治任务，也是职工福利的具体体现。各单位应结合以上易发生的人身伤害事故，组织职工认真地讨论研究，现场排查，找出伤害源、找准伤害源，然后制定一些切合实际的防范措施，并建立控制伤害源的监控机制或通过科技手段降低伤害源的风险级别。

（4）长期抓好"四项"专业安全检查。一是煤气专业安全检查（包括回收和使用），二是电气系统安全检查，三是高温液态物质流程的安全检查，四是高空运转设备安全检查，主要是起重设备。

1.3　炼钢员工安全教育

1.3.1　安全教育的主要方式

安全教育主要有以下几种方式：

（1）经常性的安全教育。经常性的安全教育是贯穿于生产活动之中的对员工经常进行的安全教育，通常采用安全工作会议、班前班后会，利用板报、简报、通讯等形式。还应做到：班前布置安全，班中检查安全，班后总结安全，并使之制度化；节假日前后以及生产任务特别紧张或不足时，都要强调安全生产，抓好安全生产的思想教育工作。

（2）对新员工和调动岗位员工进行的三级教育。三级教育即"入厂教育、车间教育和岗位教育"。经考试合格的员工，才能准许其进入操作岗位。

（3）对特殊工种员工的教育。对操作者本人及他人与周围设施有重大危害因素的作业，如与电气、起重、锅炉、易燃易爆、厂内机动车辆、登高等有关的接触不安全因素较多的作业，用办培训班等方式对相关员工进行专门训练，并经考试合格，发给安全操作许可证，才准许上岗作业。安全的本质是万无一失。例如，一个爆炸性危险场所中，99％的电气设备都是防爆的，只有一个开关不防爆，而这个场所实际上是不安全的。安全是很特殊的领域，一个很微小的失误，可能导致一场大的灾难。例如，美国"挑战者"号因为一个小小的密封圈出现了问题，发生了人类历史上第一次太空爆炸，这个不起眼的密封圈实际上就是那个1％的安全隐患。

1.3.2　员工安全教育的内容

1.3.2.1　一般生产技术知识教育

生产技术知识是在长期的生产实践中所积累起来的知识、技能和经验。安全技术知识是生产技术知识的组成部分，要掌握安全技术知识，首先要掌握一般的生产技术知识。因此，在进行安全技术知识教育的同时，必须根据炼钢的生产情况对职工进行一般的生产技术知识教育。其主要内容包括：

（1）企业的基本生产概况、生产技术过程、作业方法或工艺流程；

（2）与生产技术过程和作业方法相适应的各种机具设备的性能；

（3）职工在生产过程中积累的操作技能和经验以及产品的构造、性能、质量和规格等。

1.3.2.2　一般安全生产技术知识教育

一般安全生产技术知识是企业所有职工都必须具备的基本安全生产技术知识。主要包括以下内容：

（1）企业内的危险设备和区域及其安全防护的基本知识和注意事项；

（2）有关电气设备的基本安全知识；

（3）起重机械和厂内运输有关的安全知识；

（4）生产中使用的有毒有害原材料或可能散发有毒有害物质的安全防护基本知识；

（5）企业中一般消防制度和规则；

（6）个人防护用品的正确使用以及伤亡事故报告办法等；

（7）发生事故时的紧急救护和自救技术措施、方法。

1.3.2.3　专业安全生产技术知识教育

专业安全生产技术知识教育是指进行某一作业的职工必须具备的专业安全生产技术知识的教育。这是比较专门和深入的，它包括安全生产技术知识、工业卫生技术知识以及根据这些技术知识和经验制定的各种安全生产操作规程等的教育。

（1）按炼钢生产性质分类包括：煤气安全技术；冶金安全技术；机械安全技术。

（2）按机器设备性质和工种分类包括：车、钳工安全技术；装配工安全技术；锅炉压力容器安全技术；电、气焊安全技术；起重运输安全技术；防火、防爆安全技术；高处作业安全技术等等。

（3）工业卫生技术知识包括：工业防毒、防尘技术；振动噪声控制技术；射频辐射；高温作业技术。

进行安全生产技术知识教育，不仅对缺乏安全生产技术知识的人需要，就是对具有一定安全生产技术知识和经验的人也是完全必要的。一方面，知识是无止境的，需要不断地学习和提高，防止片面性和局限性。事实上有许多伤亡事故就是只凭"经验"或麻痹大意违章作业造成的。所以，具有实际知识和一定经验的人、具备一定安全生产技术知识的人，也需要学习，提高安全生产知识，把局部知识、经验上升到理论，使知识更全面。另一方面，随着社会生产事业的不断发展，新的机器设备、新的原材料、新的技术也不断出现，也需要有与之相适应的安全生产技术，否则就不能满足生产发展的要求。因此，对安全生产技术的学习和钻研，就显得更为重要了。只有掌握了安全方面的知识，才能安全操作，才能学会如何保护自己、保护他人，也就是不伤害自己、不伤害他人、不被他人伤害的"三不伤害"。对具体的工种进行书本知识、理论的教育，是每一位职工安全素质的基本需要。不同的行业、不同的工种教育的内容也不一样。安全生产技术知识教育，采取分层次、分岗位（专业）集体教育的方法比较合适。对企业特别要坚持"干什么学什么，缺什么补什么"的原则，根据一段时间内发生的事故的特点，找出共性的东西，集中生产骨干进行短期培训。

1.3.2.4　安全生产技能教育

安全生产技能是指人们安全完成作业的技巧和能力。它包括作业技能、熟练掌握操作安全装置设施的技能，以及在应急情况下进行妥善处理的技能。安全生产技能教育通过具体的操作演练，使职工掌握安全操作的技术，是为提高职工实际安全工作水平和能力的教育，具有实践意义。安全生产技能训练是指对作业人员所进行的安全作业实践能力的训练。作业现场的安全只靠操作人员现有的安全知识是不行的，同安全知识一样，还必须依靠操作人员进行安全作业的实践能力。知识教育，只解决了"应知"的问题，而技能教育，着重解决"应会"，以达到通常说的"应知应会"的要求。这种"能力"教育，对企业更具有实际意义，也就是安全教育的侧重点。技能与知识不同，知识主要用脑去理解，而技能要通过人体全部感官，并向手及其他器官发出指令，经过复杂的生物控制过程才能达到目的。为了使安全作业的程序形成"条件反射"而固定下来，必须通过重复相同的操作，才能亲自掌握要领，这就要求安全技能的教育实施主要放在"现场教学"。

"拜师学艺",在师傅的选用上,应该由本岗位最出色的操作人员在实际操作中给予个别指导并督促、监护徒弟反复进行实际操作训练以达到熟练的要求。

1.3.2.5　安全生产意识教育

安全生产意识教育主要通过制造"安全第一"的氛围,潜移默化地去影响职工,使之成为自觉的行动,实现"我要安全",树立安全第一的思想。常用的方式有:举办展览、发放挂图、悬挂安全标志、设警告牌等。

1.3.2.6　事故案例教育

通过实际事故案例分析和介绍,使职工了解事故发生的条件、过程和现实后果,认识事故发生规律,总结经验,吸取教训,防止同类事故的反复发生。

1.3.3　"三位一体"安全教育活动方法简介

所谓"三位一体"安全教育,即企业教育、家庭教育和职工教育有机融为一体的安全教育形式,内容见图1-1。

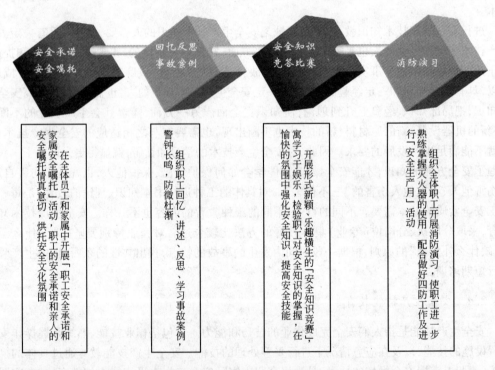

安全承诺　　　回忆反思　　　安全知识　　　消防演习
安全嘱托　　　事故案例　　　竞答比赛

在全体员工和家属中开展「职工安全承诺和亲人的安全嘱托」活动,烘托安全文化氛围家属安全嘱托情真意切,

组织职工回忆、讲述、反思、学习事故案例,警钟长鸣,防微杜渐

开展形式新颖、乐趣横生的「安全知识竞赛」,寓学习于娱乐、愉快的氛围中强化安全知识,检验职工对安全知识的掌握,提高安全技能

组织全体职工开展消防演习,使职工进一步熟练掌握灭火器的使用,配合做好四防工作及进行「安全生产月」活动

图1-1　"三位一体"安全教育内容

1.3.3.1　企业教育活动

企业教育活动的方法有:

(1)结合实际举办由员工和员工家属参加的安全教育活动,诸如组织员工家属安全帮教恳谈会、事故当事人现身说法的反思会、反违章查隐患的揭短会、典型事故案例分析会、员工家属安全论坛、安全知识竞赛、安全节目演出、安全联谊会、演讲会、报告会、经验交流会等活动,使员工、

家属了解安全知识,增强安全意识,共同筑牢安全防线。

(2)表彰奖励送到家,增强员工荣誉感。员工在安全生产中获得荣誉时,单位领导要将表彰奖励送到员工家中,向家属在军功章上一半的付出和支持表示感谢,让员工和家属共同分享员工的荣誉和喜悦,增强员工和家属"一荣俱荣"的荣誉感,激发员工保安全的积极性和自觉性。

(3)根据员工发生"三违"的原因和具体情况,到员工家里走访,当着家属的面讲清违章违纪可能造成的严重后果,讲发生事故对单位、对家庭、对个人的影响,增强员工和家属"一损俱损"的危机感,引发家属的共鸣,争取家属的支持,共同担负起安全教育的责任。

(4)在单位或车间的人员集中场所,建立固定式"员工家属安全嘱托专栏",刊登本单位或本车间内部所有员工各自的全家福照片和家属的"安全嘱托"。让员工在班前目睹亲人的音容笑貌,重温亲人的叮咛话语,让浓浓的亲情和简短的寄语产生强大的感召力,激励员工班中作业遵章守纪保安全。图1-2所示为职工家属寄语。

图1-2 职工家属寄语

(5)开展树立安全先进典型活动,评选安全星级员工、安全星级家庭、安全贤内助等活动,进行适宜的表彰奖励,形成安全生产比、学、赶、帮、超的良好氛围。

(6)采取请进来、走出去的方法开展教育活动,比如组织家属参观员工岗位、请家属向员工谈安全、进行家庭安全走访、请安全教育专家讲课、到具备条件的地方组织实战性的应急救援技能训练、到安全管理先进单位考察学习等。

(7)针对本单位安全管理特点,利用宣传栏、黑板报、橱窗、标语、横幅等多种形式宣传报道"三位一体"安全教育活动,形成教育活动的舆论宣传氛围,见图1-3。

(8)通过举办安全培训师训练班,提升安全培训兼职教师的能力和水平,掌握安全培训的重点内容和基本要求,了解成人教育的特点和方法,使之能讲会讲、讲对讲好,增强安全培训的有效性。通过训练和培育安全培训师,形成以安全培训师为骨干的安全教育培训师资队伍,规范开展安全培训,为从业人员提供优良的教育培训服务。

(9)组织全体员工参加岗位危险源辨识、隐患排查和应急预案演练等活动,教育引导员工正确识别危险源、查找隐患,学会科学逃生与有效自救的技能。

图 1-3　"三位一体"活动板报

1.3.3.2　员工教育活动

员工教育活动的方法有：

（1）员工向家庭亲人写一份安全承诺书。根据所在单位统一要求,动员家属到单位参加安全教育活动。

（2）开展每天默念一遍家人安全嘱托、每周参加一次安全活动、每月提一条安全合理化建议、每月查找一个事故隐患、每月当一次安全员、每月重复学一次本岗位安全规程、每季参加一次安全培训、每季读一本安全图书、每半年参加一次应急培训演练、每年写一份安全述职总结等活动。

（3）要求员工熟练掌握《中华人民共和国安全生产法》(以下简称《安全生产法》)第 3 章第 45~51 条款关于"从业人员的权利和义务"的内容。

（4）在员工之间开展安全帮对、安全搭档、安全互助小组等活动,发挥员工安全监护、互联互保的作用。

1.3.3.3　家庭教育活动

家庭教育活动的方法有：

（1）家庭成员给亲人写一句"安全嘱托",可以是妻子或丈夫来写,也可以是子女或父母来写,内容自定,由员工上交所在单位。让饱含着亲人对员工的深情厚爱和殷切期望的"安全嘱托",呼唤着员工时刻不忘自己肩负的责任。

以下是一些家属安全寄语：

1) 对于世界你只是一个生命,对于家庭你是整个世界。

2) 你的健康是我们全家的最大幸福。

3) 希望妈妈高高兴兴上班,安安全全下班。

4) 安全是做给个人的,不是做给别人看的。

5）请你在单位安心尽职尽责工作,亲人盼你平安归。

6）你平安,我幸福。

7）讲责任保安全,平平安安;做主人构和谐,家庭幸福。

8）用你的遵章守纪,撑起家庭幸福的天空。

9）安全,来自长期警惕,侥幸心理不能存在,造成大祸遗憾终生。你是父亲、母亲、爱人、儿女的期盼和牵挂。

10）安全你一个,幸福全家人。

11）遵章家庭幸福,守纪社会和谐。

12）你的安全,家人的幸福。

13）你的平安就是我的幸福。

14）为了家庭而注意安全。

15）你的健康是我们家庭的最大幸福。

16）不图富贵,不图荣耀,只盼望平安快乐地生活,你要知道平安和健康才是人生的基石和资本。

17）你是家中的梁、妻子的天、父母的心、儿女的山,请你坚决把好安全关。

18）爸爸,儿子等你回家讲作业。

19）当你想违章蛮干的时候,你就想一想家中的妻子、儿女和年迈的父母,带血的钱我们不要。

20）儿啊,千日操心千日好,一时大意不得了！事情纵有万千件,平安回家第一条！

21）无论你再忙再累切记安全,别忘了你是我今生唯一的依靠,我们还要白头偕老！

22）平安、团圆的家庭是每个人幸福的港湾;和谐、安全的企业是奏响动听美妙的乐章,你永远安全、健康、平安是我最大的心愿！

23）一定牢记安全规章制度,把安全当成一种习惯,把安全的种子根植在心里,严格遵守安全法律、法规、操作规程,让安全与你同行,愿幸福与我们常在！

24）三双筷子三个碗,妻儿在家把你盼。专心工作,勿忘安全。

25）安全编织幸福的花环,违章酿成悔恨的苦酒。

26）此时此刻不管你多么辛苦、疲劳,记住:安全第一,亲人盼你把安全喜讯报。

27）你是家中梁,工作要思量,梁折家遭殃,生活无保障;你是子女山,为儿挡风寒,山倒无人靠,人见人心寒;你是妻子天,莫让天塌陷,天塌人心寒,妻儿怎么办？

28）你是家里的顶梁柱,年迈的父母,天天盼你平安归,我和孩子盼你平安回家。

29）亲爱的妈妈,当您辛勤工作的时候,能否想到您的家人在时刻牵挂着您的安全,"注意安全"不仅是家人对您的一句叮咛,更是我们对您的无限关爱。

30）夫婿在岗妻惦念,安全才是离家最近的路,归家的脚步声比爱的誓言更动听。

31）爱妻、爱子、爱家庭,不讲安全等于零。你是家庭幸福的砝码,你是社会和谐的保证,你是亲朋好友的至爱,你是我们心中的牵挂。

32）安全是自由的清风,蔚蓝的天空,温暖的家庭,幸福的人生。

33）人生漫漫旅途,没有安全的守护,有人很快就会走到尽头。而我想与你平安快乐到老,所以希望你能注意安全,这是对自己的关爱,也是对他人的负责。

34）安全承载着我对你的爱,有一种叮咛叫注意安全,有一种感觉叫望眼欲穿,有一种盼望叫一生平安,有一种温馨叫合家团圆,我在等你归来。

35）安全是万能的钥匙,它能开启幸福之门,也能开启灾难之门。开启幸福之门,亲人就在门里面。开启灾难之门，血泪就在一瞬间。

36）爱心是德，德以修身，事故在粗心，责任靠细心，干活要用心，发展要齐心。安全用心是你对亲人最大的爱。

以下是一些职工安全感言：

1）安全是新生儿纯真的笑脸，安全是臂弯下爱人的拥抱，安全是黑暗中点亮的那一盏灯。拥有生命真好，拥有健康快乐的生命真好。

2）高高兴兴上班，安安全全下班，这是我和妈妈的约定，更是我们全家幸福的约定，我要和我的爸爸、妈妈共同撑起幸福的大伞，缔造美好的生活。

3）安全——永恒的话题，"智者用教训防止鲜血，愚者用鲜血换取教训"。

4）安全是工作、学习、生命的保障，没有安全，其他一切无从谈起。

5）只有我们安全了，个人才有安康，家庭才有幸福，社会才能和谐。

6）安全管理应从严、从狠，轻视安全就是对生命与健康的漠然。

7）我不伤害他人就是对他人负责，我不被他人伤害、我不伤害自己就是对自己负责。

8）安全不是说出来的，是做出来的，只有提高安全意识、增强安全知识，不违章、不冒险作业，才能做到三不伤害。

9）非常感谢厂领导的关心，制定了严谨的操作规程，定时发放劳保用品，时刻叮嘱员工无论在上下班时还是在工作中都要注意人身安全，使员工感受到厂领导的良苦用心，感受到单位这个大家庭的和谐温暖。我们做家属的也会积极配合单位对职工的安全教育，让员工无论在自己的小家庭还是在单位这个大家庭都心情愉快地工作。

10）就安全管理工作而言，无论多严格都不过，安全好利三代。

11）安全工作关系到千家万户，关系到职工及家庭的幸福，我们应该倍加珍惜，为了你我他的安全，要严格遵守安全规程。

12）安全是一切的基础，最大的危险是无视安全，也就是无视家庭的幸福。企业的安全工作是给员工的最大福利，也是企业健康长久发展的保障。

13）一人出事故，全家受牵连。在日常工作中必须将安全工作牢记心中，把各项安全防范措施落到实处，为自己和他人撑起安全的空间，确保个人安全、家庭幸福。

14）安全工作是一项"常抓不懈"的工作，这要求我们每个人的积极参与，只要我们的安全意识提高了，能自觉地遵守规章制度，及时地消除各种安全隐患，我们的安全工作就能做好。

15）关爱生命、关注安全是我们对社会、对企业、对家庭、对自己的承诺。

16）想想在以往的生产事故中人员伤亡的血淋淋的教训，就会明白领导在生产中苦口婆心地强调安全绝对不是危言耸听，发生了事故不但会给国家财产造成损失，更重要的是对员工身体的伤害，自己要承受身体上的巨大痛苦，更会给家人带来无尽的伤害。在工作中我们有些人经常存在侥幸心理，把安全不当回事，这是非常不对的，我们一定要遵守安全生产的法律法规，为了自己，更为了我们的家人。

17）认真履行自己的安全承诺，把安全工作切实放在首位，心中常有安全工作这根弦，对厂负责、对自己负责、对家庭负责。

18）个人的安全不仅是自身的根本性需要，更重要的是体现出一种尽责、负责的使命。从家庭角度而言，是对自己的孩子、妻子、父母负责；从企业而言，是在对我们的岗位尽责，是在对我们身边的工友及他们的家庭尽责，是在对企业的快速发展尽责；从社会的层面来讲，是在为增加社会财富尽责，是在为社会整体和谐发展尽责，是在为社会的稳定幸福尽责。为了我们的小家，也为了企业和社会这个大家，让我们携起手来，每个人都勇敢地承担起这份责任吧，从我做起，从自身做起,遵章守纪,做到不伤害自己、不伤害他人,不被别人伤害,用肩负使命的心态,努力做好安全工作,最大限度地为企业的快速发展做出自己的贡献。

（2）自觉关注员工安全思想状况和安全表现,经常提醒员工做好安全生产工作。及时向单位反映员工大的情绪变化、身体伤疾、家庭矛盾、不幸事件等可能对员工安全产生负面影响的问题,以便单位做好相应的心理安抚、安全监护、调整作息时间等事宜。

（3）积极参加员工单位组织的各项安全教育活动,自觉配合单位做好员工安全教育工作。

1.4 炼钢安全管理中需解决好的各种关系

炼钢生产应紧紧围绕转炉和连铸生产开展各项安全管理工作,才能保障炼钢企业的经济效益稳步提高和安全稳定生产。在现代炼钢安全管理中,怎样才能处理好安全与生产、安全与效益的关系,是取得安全生产成效的关键。只有用辩证、对立统一的观点去处理好这些关系,才能更好地指导安全生产工作,从而促进生产经营活动持续、稳定、健康发展。

1.4.1 安全、质量、生产相互制约、相互促进的关系

安全、质量、生产是炼钢生产经营活动中不可分割的一个整体。它们同属于经济范畴,在炼钢系统生产中有着相互制约、相互适应、相互促进的关系。

安全寓于质量、生产之中,质量管理、生产过程又离不开安全,实际上,生产、质量管理中有安全问题,安全问题渗透在生产、质量管理中。所以,必须坚持用辩证、对立、统一的观点来观察、分析事物和现象,既要承认安全、质量、生产之间存在着本质的必然联系,又要承认它们之间存在着区别。因此,要正确理解与掌握安全、质量、生产的辩证关系,反对形而上学。那种只见树木,不见森林,把安全、质量、生产完全割裂开来的片面、孤立的观点,是极其错误的。特别是在市场经济的新形势下,必须树立"一切为安全工作让路,一切为安全工作服务"的观念。坚持安全为天,安全至上。当安全与质量发生冲突时,质量应为安全让路;当安全与生产发生矛盾时,生产应让位于安全。安全是企业进行经济活动的先决条件,是企业生产经营活动中的重中之重。

1.4.2 安全投入与效益既矛盾又统一的关系

安全投入是为了治理事故隐患,改善作业环境,提高企业系统安全性,防止各类事故发生所需投入的全部费用。

那么,安全投入是否给企业带来经济效益? 实践证明,回答是肯定的。

安全投入确确实实会给企业带来经济效益,它是通过保护企业员工的生命安全,保护生产力的发展,保护国家财产不受损失,保证企业生产经营活动顺利进行,提高劳动效率,而直接或间接地获得经济效益。

试想一个企业如果作业环境、劳动条件恶劣,各类伤亡事故频繁发生,经济损失极大,企业还有什么经济效益可谈。安全投入至关重要,它是提高经济效益的前提和基础,没有安全投入作保证,就谈不上企业的经济效益。

企业要生存、要发展、要提高经济效益,就必须创造良好的安全生产环境和保持安全生产的良好秩序,而这良好的安全生产环境和秩序是靠企业投入大量人力、物力和财力取得的。如果只重生产、重效益而忽视安全投入,一旦事故发生就会给企业带来极大的经济损失。

大量事实证明,安全投入与效益是企业的两项根本性任务,企业领导必须树立安全投入与效益统一的观点,要以安全投入保效益,以效益促安全投入,不能顾此失彼,要两者兼顾,才能使企

业在激烈的市场竞争中立于不败之地。否则,效益一时上去了,而不能保证安全生产,一旦出了问题,也会前功尽弃。

1.4.3　领导的综合素质高低直接影响安全绩效的关系

纵观历年发生的各类事故,分析其根源,大都与领导观念有很大关系。

有些企业隐患多、事故多、险情多、安全生产形势不好,其主要原因就是干部作风漂浮、不扎实。因为安全工作是实打实、硬碰硬的工作,来不得半点虚假,否则就会导致事故。例如,有些干部遇到问题互相推诿、踢皮球,使事故隐患得不到及时整治,日积月累使隐患变成了事故。这方面的教训是够多、够深刻、够沉痛的了。

各级干部应该牢牢树立扎实的工作作风和认真负责的精神。事实证明,不能空喊查隐患,要实干除祸端。安全与事故,表现在职工身上,实质在管理力度上,根子在干部作风上。只有加强教育,严格考核,转变干部作风,深入实干,企业安全工作才能长治久安。

贯彻安全责任制要做到"六不":

规则使其不能,　教育使其不违;

监督使其不易,　严惩使其不敢;

明责使其不怠,　信息使其不误。

1.4.4　人、机、环境三者的安全匹配关系

在安全工程中,人、机、环境都有其特定的含义。

(1) 人指操作者或使用者;

(2) 机泛指人操作或使用的物,可以是机器,也可以是用具、工具或设施、设备等;

(3) 环境指人、机所处的周围环境,如作业场所和空间、物理化学环境和社会环境等。安全人–机–环境系统指由共处于同一时间和空间的人与其所使用的机以及它们所处的周围环境所构成的系统,简称人–机系统。

人、机、环境是生产系统的三大要素。人、机、环境系统本质安全化是指人、机、环境三者安全品质的最佳匹配水平,它包括三方面:人的本质安全化、机具本质安全化和环境本质安全化。

(1) 人的本质安全化指对人进行安全心理的、安全生理的、安全文化的及安全技术等方面的选择与训练,不断提高人的安全素质、安全生产技能与系统安全匹配的水平。

(2) 机具本质安全化指通过对机具的可靠性能、安全性能、安全防护系统及安全保护系统四方面的安全化建设,来提高机具的可靠性与系统安全匹配的水平。

(3) 环境本质安全化指通过对物理环境、化学环境、空间环境及时间环境四个方面的安全化建设,来提高作业环境与系统安全匹配的水平。

作为一个整体,人–机–环境系统内任一要素的安全品质变化都会引起相关联的要素变化。如没有相匹配的管理控制手段,系统安全机能就会失调,人、机、环境三者的安全品质也就达不到优化匹配的效果。例如,系统中如只具有现代化的设备,而没有具备现代化管理水平的管理人员和高素质的操作人员进行管理和操作,就会引起设备的本质安全化水平下降;同样,恶劣的环境,也可引起机具安全品质变化,使人–机–环境系统出现安全不匹配的现象。

事实表明,人、机、环境三者安全匹配水平越高越安全;反之,安全匹配的缺陷越大,导致事故的可能性就越大。因此,必须加强人、机、环境三者的安全本质化建设,提高人–机–环境系统安全匹配水平。

1.4.5 对待"逆境"与"顺境"的态度关系

在安全生产顺利时,对稳定的安全工作,常出现居安不思危的认识,这就反映了对事故预防工作的两种不同态度。

对居安不思危的认识,反映了消极保安全的思想。有些人总想平平安安过日子,而对做好安全工作带有很大的盲目性,用这种思想去抓安全工作,有可能在一定时期内不出事故,但一旦出了事故,后果不堪设想。

对居安思危的认识,反映了未雨绸缪的思想,用这种方法抓安全工作,就会在安全的时候仍然不忘抓安全,顺利的时候查隐患,平静的时候找问题,始终带着危机感,预防为主,积极主动地抓安全。

要摆正居安与思危的关系,一要把没事当成有事去主动防范;二要创造条件,使有事变无事。当发生问题时,认真查原因,找教训,弄清问题的症结,进而采取相应的完善措施,从而保障安全生产。

1.4.6 人的安全价值观与其行为的关系

对于安全而言,不同的时代有不同的价值观,同一时代不同的人也存在不同的价值观。

所谓价值观是指一个人对客观是非、善恶、安全程度及价值大小的看法。具有不同价值观的人,对客观事物所持的态度不同,由此支配其行为也存在着较大的差异。

例如,在以经济建设为中心的当今时代,一些企业的领导,由于对安全工作重要性的认识,特别是对安全与生产、安全与效益关系的认识不足,再加上经济效益的驱使,在生产经营活动中,产生了重生产、重经营、重效益而忽视安全的错误思想行为,从而导致安全生产工作形势严峻,事故频繁发生,经济损失极大;但有些企业的领导却认为,安全不仅具有生命价值、社会价值、环境价值,而且还具有经济价值和效益价值,因而,在生产经营活动中,时刻坚持安全为天、安全至上,加大安全投入,提高安全效益。

由此可见,持不同安全价值观的人对企业安全工作的态度和行为截然不同,产生的后果也完全不同。因此,企业的管理干部,特别是领导干部,必须树立正确的安全价值观,采取科学的态度和正确的行动领导和负责企业安全生产工作。这样才能加大安全投入,加大管理力度,改善作业环境,提高安全管理水平,尊重企业员工的生命价值,保护国家财产不受损失。

1.4.7 事故发生的偶然性与必然性的关系

在安全生产中出了事故,常有人以偶然两字来分析、解释,以解脱自己的责任。这样的认识对制定防范措施,避免事故重复发生是十分不利的。

根据大量事故资料综合分析,就可以得出这样的结论:任何一起看似偶然的事故,其背后都可以找到隐藏着的必然规律。冰冻三尺,非一日之寒。每起事故的发生,尽管有偶然因素,但终究是"三违＋隐患＝事故"的结果。

无论哪起伤亡事故,都能找到其发生的必然根源,要么是违章作业造成,要么是管理漏洞所致,要么是安全素质低所引发。可见,看似偶然的事故,其实都是必然的。安全工作不同于其他工作,来不得半点马虎。

要搞好安全生产,就必须从基础工作入手,从管理工作抓起,坚持"四严",即"严厉制度、严抓管理、严肃考核、严格落实"。强化安全工作,掌握安全生产的主动权,才能杜绝事故的偶然而走向成功的必然。

1.4.8　"别人出事故"与"大家吸取教训"的关系

邻里失火,自查炉灶。每当兄弟单位发生事故时,都要将其作为自己的事故,进行认真的分析研究和对照检查,借以发现自身存在的类似问题和隐患,制定相应的预防措施,以收到"吃人一堑,长己一智"的效果。

预防工作不仅要在别人出成绩时去取经探宝,在他人出问题时,也要跟着分析原因、找教训,系统地分析他人的教训,并在实践中加以借鉴和运用,这对改进自己的工作,避免失误是非常重要的。

实践证明,只有善于吸取他人的教训,才能使自己少付代价,少交学费。只有常"嚼"别人吃过的苦头,才能使这苦头转化为自己安全生产的甜头。

1.4.9　"安全部门抓安全"与"齐抓共管"的关系

如果把安全生产当做一部乐曲,那么就有独奏曲与合奏曲之分。要奏好安全生产这部乐曲,既需独奏,也需合奏。只有把独奏与合奏融合安排,才能达到最佳效果。

然而有人认为,安全工作是安监部门一家的事,其他各部门不必参与安全管理,这种认识是极其错误的。

安监部门作为安全生产的职能部门,理当抓好安全生产。但安全工作是涉及各部门的一项综合性工作,只有党政工团齐抓共管,各业务部门团结协作,密切配合,才能奏好安全生产这部乐章。

1.5　安全管理工作落实的"难、易"差别

当前,安全工作落实难似乎成了一个通病,各级都在寻找药方和良策。安全生产的现状告诉我们,在安全生产实践中,有些工作的落实要困难些,而有些工作则容易落实,这两类工作在客观上形成了矛盾。

在企业安全生产中,认真分析、研究、剖析安全生产落实工作,可以找到带有共性的问题,对于这些共性问题,我们要针对现状研究对策,加以解决。

1.5.1　经常性工作落实难,突击性工作落实易

经常性工作是相对于重点性、突击性工作而言的。经常性工作作为大量的、具体的、需要日复一日进行的基础性工作,做起来费时费力,缺乏轰动效应,因而容易麻痹松懈,时紧时松。质量标准化工作是企业安全生产的最基础工作,需要我们日复一日、月复一月、年复一年地抓下去,但由于它是日常性、经常性的基础工作,因而抓起来就比较困难。

这里指的困难并不是说质量标准化工作抓不出成效,而是要经常坚持高标准、严要求就不那么容易了。而突击性工作的任务急,影响大,见效快,领导比较重视,群众比较理解。例如,每年组织开展的安全生产周活动,往往会取得可喜效果。对这样时间短、见效快的工作谁都愿意去组织、去实施、去参加。

突击性工作作为一个阶段的重点,当然要全力以赴抓好,但经常性工作事关安全生产的基础和根本,更是任何时候都不能忽视的。它是一种时时、处处、事事都要做好的工作,需要锲而不舍、一以贯之的努力。

经常性工作就是基础性工作,这样的工作做不好,存在漏洞,发生疏忽,往往是引发事故造成损失的开始。认真分析事故原因,大多也是出在对经常性工作的疏忽上。

1.5.2 无指标的工作落实难,有指标的工作落实易

在安全生产中,有些单位和领导存在着重有形、轻无形,重硬件、轻软件的现象。这里说的无形工作(即无指标)是指安全教育、安全培训、吸取事故教训、班前会等等,这些工作不便于量化考核,落实起来比较难。

而有形的工作(即有指标)比如隐患排查、质量达标、干部抓三违指标等等都是看得见、摸得着的,是便于用统计数字表达的工作,落实起来则相对容易些。

有形工作与无形工作,两者是辩证统一的关系,有形要靠无形支撑,无形要靠有形来体现。因而,抓有形工作,要着眼于无形建设,抓无形工作,要注意通过有形的东西反映。在一定意义上说,抓无形的工作更为重要。因为无形的工作往往是基础性、根本性的工作,如果抓不好,有形的工作就难以巩固和发展。

1.5.3 齐抓共管的工作落实难,分工明确的工作落实易

一项工作分工到具体部门,具体到人,落实起来就容易。反之,如果分工不明,大家都管,遇到难题就难落实。比如,井下一部绞车供几个单位使用,大家只管使用、不管检修保养,你依靠我,我看着你,一遇检查发现了问题,使用单位你推诿我,我推诿你,互相扯皮,互推责任。症结在于责任制没落实。

对于大家都要管的工作,首先要明确由哪个部门来牵头和负责。在此基础上,各部门各司其职,分工协作,这样才能形成合力,抓好落实。

1.5.4 不与经济利益挂钩的工作落实难,与经济利益挂钩的工作落实易

在市场经济条件下,把利益驱动机制引入安全生产管理中,运用适度将对安全管理起到促进作用,相反,它就要产生负面作用。

在落实安全工作中,由于人们过分地强调利益驱动作用,结果形成了有奖的工作落实易,没奖的工作落实难。

各级领导干部和广大职工一定要树立新观念,安全生产人命关天,落实安全人人有责。

只要是有关安全生产的工作,不管是有钱的,还是没钱的,我们都要认真抓落实,全力抓落实,把各项工作落实到位。

1.5.5 见效慢的工作落实难,立竿见影的工作落实易

有些单位和领导注重抓当前的工作、见效快的工作,忽视长期的工作、见效慢的工作。通常来讲,见效慢的工作一般都是基础性、根本性的工作,如安全新技术的开发研究等,短时间内不易见效,需要下一番苦工夫,努力地抓下去。

在安全生产中,我们在干好当前的同时,更要着眼于长远,克服急功近利情绪,重基础,重长远,推进安全生产的各项工作有效、扎实地落实。

1.5.6 陈旧的问题落实难,新暴露的问题落实易

新问题刚刚发现,能引起人们的关注和重视,因而解决和落实起来就比较容易。老问题存在的时间较长,人们已经看惯了,要解决它存在这样或那样的困难,在此情况下,落实起来就要费一番工夫。

新问题、老问题的存在,都直接威胁着安全生产,我们要把老问题当成新问题去解决,要把新

问题当成马上要办的事去解决。要以只争朝夕的精神去解决安全生产中存在的所有问题,为安全生产创造一个宽松的环境。

1.5.7　追查分析事故容易,处理事故责任者难

每当发生各类事故,我们都要按照"四不放过"的原则,进行严格的追查、分析和处理。"四不放过"指"事故原因分析不清不放过,责任者受不到处分不放过,责任者和职工受不到教育不放过,没有今后的防范措施不放过"。追查分析事故,一般由安监部门组织,开展得都比较顺利。在处理事故责任人时,由于事故的处理涉及通报、罚款、警告、降级、开除等,涉及责任人的切身利益,因而定夺处理决定非常不易。在处理事故责任人时,一定要坚持公开、公平、公正的原则,严格按章办事,秉公执法,使受处罚的事故责任人心服口服。

2 炼钢安全生产检查与隐患整改

《中华人民共和国安全生产法》第38条规定:"生产经营单位的安全生产管理人员应当根据本单位的生产经营特点,对安全生产状况进行经常性检查;对检查中发现的安全问题,应当立即处理;不能处理的,应当及时报告本单位有关负责人。检查及处理情况应当记录在案。"

国务院《关于加强企业生产中安全工作的几项规定》也指出:企业对生产中的安全工作,除进行经常的检查外,每年还应该定期地进行2~4次群众性的检查。这种检查包括普遍检查、专业检查和季节性检查,这几种检查可以结合进行。开展安全生产检查,必须有明确的目的、要求和具体计划,并且必须建立由企业领导负责、有关人员参加的安全生产检查组织,以加强领导,做好这项工作。安全生产检查应该始终贯彻领导与群众相结合的原则,依靠群众,边检查,边改进,并且及时总结和推广先进经验。有些限于物质技术条件当时不能解决的问题,也应制订计划,按期解决,务必做到条条有落实,件件有交代。这些规定都是搞好炼钢安全生产检查的指导原则。

安全生产检查是指对生产过程及安全管理中可能存在的隐患、有害与危险因素、缺陷等进行查证,以确定隐患或有害与危险因素、缺陷的存在状态,以及它们转化为事故的条件,以便制定整改措施,消除隐患和有害与危险因素,确保生产安全。

为使安全生产检查落到实处,需建立规范的程序或制度。在制度中应该规定:适合于本组织需要的定性和定量检查;主动性的检查和被动性的检查。所谓主动性检查即检查是否符合职业健康安全管理方案、运行准则和适用的法规要求;所谓被动性检查即检查事故、疾病、时间和其他不良职业健康安全绩效的历史证据。所有的检查都应当有记录,以充分的检查数据和结果,来证实组织满足职业健康安全方针、目标和管理方案的程度,以便于采用纠正和预防措施进行改进。

2.1 安全生产检查的内容

安全生产检查是炼钢厂安全管理工作的重要内容,它是发现不安全状态和不安全行为的有效途径,是消除事故隐患、落实整改措施、防止伤亡事故、改善劳动条件的重要手段。安全检查的内容主要有以下几个方面:

(1)遵守法律法规的情况。遵守法律法规主要是对照党和国家有关安全生产和劳动保护的方针、政策及有关文件,检查企业领导和职工群众对安全工作的认识:干部是否以身作则,是否真正做到了关心职工的安全健康;现场领导人员有无违章指挥;职工群众是否人人关心安全生产,在生产中是否有不安全行为和不安全操作;国家的安全生产方针和有关法律法规是否得到贯彻执行。

(2)安全管理制度的执行情况。主要检查企业领导是否把安全生产工作摆上议事日程;企业主要负责人及生产负责人是否负责安全生产工作;在计划、布置、检查、总结、评比生产的同时,是否都有安全的内容,即"五同时"的要求是否得到落实;企业各职能部门在各自业务范围内是否对安全生产负责;安全专职机构是否健全;工人群众是否参与安全生产的管理活动;改善劳动条件的安全技术措施计划是否按年度编制和执行;安全技术措施经费是否按规定提取和使用;新建、改建、扩建工程项目是否与安全卫生设施同时设计、同时施工、同时投产,即"三同时"的要求是否得到落实。此外,还要检查企业的安全教育制度、各工种的安全操作规程和岗位

（3）炼钢厂危险源的控制情况。主要以查现场、查隐患为主，深入生产现场，检查企业的生产设备、操作过程、劳动条件以及相应的安全卫生设施是否符合安全要求。

（4）对事故和隐患的处理情况。检查企业对工伤事故是否及时报告、认真调查和严肃处理；在检查中，如发现未按"四不放过"的要求草率处理的事故，要重新严肃处理，从中找出原因，采取有效措施，防止类似事故重复发生。为此，炼钢厂应建立并保持书面制度，确定有关的职责和权限，规定如何处理和调查事故、事件等。如果出现事故、事件或隐患，应采取措施减小因事故、事件或隐患而产生的影响，及时采取纠正和预防措施，并予以完成，同时组织有关人员确认所采取纠正和预防措施的有效性。企业应对这些制度的要求是否合理、采取的纠正和预防措施是否得当，在其实施前先通过风险评价过程进行评审。为消除实际和潜在的危险因素而采取的任何纠正或预防措施，应与问题的严重性和面临的职业健康安全风险相适应。应认真落实纠正和预防措施，在实施这些措施后，如果需要对书面制度进行更改，也必须及时予以评审，并按文件控制程序进行管理。

2.2　炼钢安全生产检查的形式

炼钢安全生产检查可以采取如下形式：

（1）定期性的安全检查。定期性的安全检查是指已经列入计划，每隔一定时间检查一次的固定检查。如通常在4月份进行的"夏季四防"（防洪、防中暑、防雷电、防食物中毒）的专业安全检查，9月份进行的"冬季四防"（防滑防冻、防火、防煤气中毒、防倒塌）的专业安全检查，班组的日安全检查，厂级的月安全检查等。特种设备如锅炉、压力容器、起重设备等，都应按规定期限进行检查。

（2）突击性的安全检查。突击性的安全检查是一种无固定时间间隔的检查，检查对象一般是一个特殊部门、一种特殊设备或一个小的区域。

（3）特殊性的安全检查。特殊性的安全检查是指对新设备的安装、新工艺的采用、新建或改建厂房的使用可能会带来新的危险因素的检查。此外，还包括对有特殊安全要求的手持电动工具、照明设备、通风设备等进行的检查。这种检查在通常情况下仅靠人的感觉是不够的，还需要应用一定的仪器设备来检测。如果采用仪器设备来检测，就应对这些检测设备或仪器进行校准和维护，并做好记录。

2.3　炼钢厂工艺设备及安全生产检查内容

2.3.1　厂房、构筑物及常规防护设施安全检查内容

厂房、构筑物及常规防护设施安全检查内容如下：

（1）对转炉、电炉、铁水贮运与预处理、精炼炉、钢水浇注等热源点周围的建、构筑物应采取相应的隔热、阻燃防护措施。

（2）炼钢主厂房的布置形式及各跨间参数的确定，应符合《炼钢工艺设计技术规定》（YB 9058—1992）的要求。

（3）炼钢主厂房的地坪，应设置宽度不小于1.5 m、两侧有明显标志线的人行安全走道。

（4）厂房、烟囱等高大建筑物及易燃易爆等危险设施，应按国家标准安装避雷设施。

（5）在厂房内的生产作业区域和有关建筑物的适当部位设置符合规定要求的安全警示标志。

（6）车间紧急出入口、通道、走廊、楼梯等，应设应急照明，其设计应符合《建筑照明设计标

准》(GB 50034—2004)的规定。

(7) 对炼钢主厂房应按规定定期进行结构可靠性鉴定。

(8) 各种建、构筑物的建设,应符合土建规范的各项规定;各种设备与建、构筑物之间,应留有满足生产、检修需要的安全距离;移动车辆与建、构筑物之间,应有 0.8m 以上的安全距离。

(9) 所有高温作业场所,均应设置通风降温设施。

(10) 主控室、电气间、电缆隧道、可燃介质的液压站等易发生火灾的建、构筑物,应设自动火灾报警装置、消防给水系统与消防通道。

(11) 转炉、电炉、精炼炉的炉下区域,应采取防止积水的措施;炉下漏钢坑应按防水要求设计施工;炉下钢水罐车、渣罐车运行区域,地面应保持干燥;炉下热泼渣区地坪应防止积水,周围应设防护结构;炉渣冲击与挖掘机铲渣地点,应在耐热混凝土基础上铺砌厚铸铁板或采取其他措施保护。

(12) 转炉、钢水与液渣运输线、钢水吊运通道与浇注区及其附近的地表与地下,不应设置水管(专用渗水管除外)、电缆等管线;如管线必须从上述区域经过,应采取可靠的保护措施。

(13) 转炉主控室的布置,应注意在出现大喷事故时确保安全,并设置必要的防护设施;连铸主控室不应正对中间包;转炉炉旁操作室应采取隔热防喷溅措施;电炉炉后出钢操作室,不应正对出钢方向开门,其窗户应采取防喷溅措施;所有控制室、电气室的门均应向外开启;主控室应设置紧急出口。

(14) 操作位置高度超过 1.5m 的作业区,应设固定式或移动式平台;固定式钢平台应符合《固定式钢梯及平台安全要求 第 3 部分:工业防护栏杆及钢平台》(GB 4053.3—2009)规定,平台负荷应满足工艺设计要求;高于 1.5m 的平台,宽于 0.25m 的平台缝隙,深于 1m 的敞口沟、坑、池,其周边应设置符合 GB 4053.3—2009 规定的安全栏杆(特殊情况例外),不能设置栏杆的,其上口应高出地坪 0.3m 以上;平台、走廊、梯子应防滑;易受钢水与液渣喷溅的平台工作面,应采用铸铁板或钢板贴面混凝土块(耐火材料)铺设。

(15) 厂房内梯子应采用不大于 45°的斜梯(特殊情况允许采用 60°斜梯与直爬梯),梯子设置应符合《固定式钢梯及平台安全要求 第 1 部分:钢直梯》(GB 4053.1—2009)、《固定式钢梯及平台安全要求 第 2 部分:钢斜梯》(GB 4053.2—2009)的规定;转炉、精炼炉、连铸主平台,两侧应设梯子;大、中型转炉,炉子跨宜设电梯。

(16) 所有平台、走梯、栏杆均应符合有关标准的规定。

(17) 易积水的坑、槽、沟,应有排水措施;所有与钢水、液渣接触的罐、槽、工具及其作业区域,不应有冰雪、积水,不应堆放潮湿物品和其他易燃易爆物品。

(18) 车间电缆隧道应设火灾自动报警装置,并应根据需要设置自动灭火装置;长度超过 7m 的电缆隧道,应设置通风气楼。

(19) 防火设施的设置,应遵守《建筑设计防火规范》(GB 50016—2006)等消防法规、标准的规定;主控室、电气间、电缆隧道、可燃介质的液压站等易发生火灾的建、构筑物,应设自动火灾报警装置,车间应设置消防水系统与消防通道。

(20) 对密闭的深坑、池、沟,应考虑设置换气设施,以利维护人员进入。

(21) 废钢处理设施应有可靠的安全防护措施,落锤破碎间(场)应设封闭型防护结构,废钢爆破应采用泄压式爆破坑。

(22) 在较厚的Ⅲ级自重湿陷性黄土、新近堆积黄土、Ⅲ级膨胀土等地区选择厂址时,应有可靠的安全措施,并报请上级主管部门批准。

(23) 基础荷载较大的建、构筑物,宜布置在土质均匀、地基承载力较大、地下水位较低的地段。在不良地质地段布置建、构筑物和运输线路时,应采取必要的加固措施。

(24)厂址应避免选在已有或拟建的通信电台、电视传播、雷达导航和重要军事设施的影响区域,以及火灾爆炸危险源、厂矿有毒有害物的影响范围内。

(25)厂址地坪高出当地最高洪水水位 0.5 m 以上,地处海岸边的应高于最高潮水位 1 m 以上;如受条件限制无法达到,应采取有效的补救措施。

(26)合理确定厂区的功能分区,并根据生产工序间的相关性,确定各区的位置。各区之间必须保持物流顺畅、运距短捷,避免或减少折返迂回。

(27)火灾危险性较大、产生大量烟尘及有害气体的设施,应布置在生产厂区的常年最小频率方向的上风侧;高温车间宜布置在通风良好的地段。

(28)炼钢厂的弃渣场,应位于居住区和水源地安全健康防护距离以外的低洼地带,并应考虑爆炸、扬尘、有害元素扩散的安全距离;厂内钢渣处理设施,应布置在主厂房常年最小频率方向的上风侧。

(29)落锤破碎和爆破废钢设施,应设在流动人员稀少的厂区边缘安全区域;与其他建筑物之间的安全跨度,3 t、5 t、7 t 落锤应分别大于 30 m、50 m、80 m,爆破应大于 150 m,并应采取必要的安全措施。

(30)供油站、煤气柜、乙炔站等火灾和爆炸危险性较大的及产生有毒、有害气体的设施,应位于厂区和居住区常年最小频率风向的上风侧。

(31)氧气站应位于空气洁净区域,其空分设备的吸风口应位于各种易燃易爆性气源与尘源的常年最小频率风向的下风侧。

(32)车间布置应按生产工艺流程及防火、安全、卫生等的要求使生产工序衔接紧密,物料运距短捷,设备操作和维修方便。

(33)机动车辆通道应尽量与人行道分开。

(34)设备与设备之间及设备与建、构筑物之间的距离,必须满足操作、检修要求,宜不小于 1 m。

(35)炼钢主车间的布置,应根据各种物料的流向,保证其能顺畅运行,互不交叉、干扰,并尽可能缩短铁水、废钢及钢坯(锭)等大宗物流的运输距离。

(36)炼钢主车间与各辅助车间(设施),应布置在生产流程的顺行线上;铁水、钢水与液体渣,应设专线(或专用通道)运输,以减少其他物流干扰。

(37)炼钢主车间,应按从原料至成品(坯、锭)的生产流程,以各工序分区作业为原则,合理布置各工艺装备及生产设施,确保各工序安全、顺行。

(38)炼钢厂内,应按消防规定设置必要的消防设施和消防通道,设置消防设施的地点,应有明显的标志牌。

(39)厂区及厂房、库房应按规定设置消防水管路系统和消火栓,消火栓应有足够的水量与水压。

(40)厂房、库房、站房、地下室的安全出口应不少于两个。安全疏散距离和楼梯、走道及门的宽度必须符合防火规范,安全疏散门必须向外开启。

(41)存放油类和化工产品等易燃物质的场所,应设置火灾自动报警装置,采用相适应的灭火措施。大型原料、可燃物料场及半成品、成品堆场等应设消防设施。

(42)炼钢及连铸的活动烟罩、滑动水口开闭、引锭、液压剪等的液压设备应采用阻燃或不燃的液压介质。

(43)厂房内的各种可燃气体管道不得与起重设备的裸露滑触线布置在同一侧。

（44）工厂主变压器或大于 8000 kV·A 的变压器，应设油温检测器，在室内设置时应设火灾自动报警装置和灭火装置。

（45）设计选用的消防器材必须是经过消防部门鉴定的合格产品。

（46）火灾自动报警系统中的集中报警系统和控制中心报警系统，其火灾报警信号和消防联动控制信号应送到消防值班室或消防控制室。

（47）建、构筑物的设计，应充分考虑冶金工厂的特点。有可能引起钢水、铁水与熔渣爆炸之处，应有严格的防水防潮措施；高温烘烤部位，应有防热隔热措施；受冲击与振动影响的部位，应采取防冲击振动措施；易受腐蚀部位，应有防腐蚀措施；有酸、油侵蚀处，应有防酸、防油措施。

（48）有爆炸危险的厂房，应采用钢筋混凝土柱、钢柱或框架承重结构，并采用敞开式或半敞开式厂房。

（49）积灰较多的主厂房屋面四周应设栏杆，并设清扫通道和其他清扫设施。积灰少的厂房檐部顶面高度大于 8 m 时，应在屋面四周设栏杆。

（50）厂（矿）区运输线路（铁路和道路）的布置应尽可能避免或减少运输线路平面交叉，使主要人流与较大货流分开。

（51）机动车辆通道应尽量与人行道分开。车间内人行道与机动车道或移动机械的通道的交叉处，应设信号报警装置。

2.3.2 原料供应系统安全检查内容

原料供应系统安全检查内容如下：

（1）入炉物料应保持干燥。

（2）具有爆炸和自燃危险的物料，如 CaC_2 粉剂、镁粉、煤粉、直接还原铁（DRI）等应贮存于密闭贮仓内，必要时用氮气保护；存放设施应按防爆要求设计，并禁火、禁水。

（3）地下料仓的受料口，应设置格栅板。

（4）废钢应按来源、形态、成分等分类、分堆存放；人工堆料时，地面以上料堆高度不应超过 1.5 m。

（5）可能存在放射性危害的废钢不应进厂。对密闭容器应进行切割处理；废武器和弹药应由相关专业部门严格鉴定，并进行妥善处理。

（6）炼钢厂一般应设废钢配料间与废钢堆场，废钢配料作业直接在废钢场进行的，废钢堆场应部分带有房盖，以供雨、雪天配料；混有冰雪与积水的废钢，不应入炉。

（7）入炉废钢内严禁夹带有密封、易爆物；应有废钢拣选措施。

（8）废钢装卸作业时，电磁盘或液压抓斗附近不应有人；起重机大、小车启动或移动时，应发出蜂鸣或灯光警示信号。

（9）废钢配料间与废钢堆场，应设置必要的纵向与横向贯通的人行安全走道。

（10）废钢坑沿应高出地面 0.5~1.0 m，露天废钢坑应设集水设施，地面废钢料堆应距运输轨道外侧 1.5 m 以上。

（11）废钢配料间或废钢堆场进料火车线与横向废钢运输渡车线相交时，火车线入口应设允许进车的信号装置。

（12）铁水运输应用专线，不应与其他交通工具混行，除非有严格的安全措施方案，规范专用运输车辆、驾驶（押运）人员资格，指定运输线路，限速、限载等，厂外公路铁水运输的安全措施方案报当地有关部门备案。平交道口应符合《工业企业铁路道口安全标准》（GB 6389—1997）的规定。

（13）起重机的龙门钩挂重铁水罐时，应有专人检查是否挂牢，待核实后发出指令，吊车才能起吊；吊起的铁水罐在等待往转炉兑铁水期间，不应提前挂上倾翻铁水罐的小钩。

（14）起重机司机室应视野良好，能清楚观察废钢装卸作业点与相邻起重机作业情况。

（15）向混铁炉兑铁水时，铁水罐口至混铁炉受铁口（槽），应保持一定距离；混铁炉不应超装，当铁水面距烧嘴达 0.4 m 时，不应兑入铁水；混铁炉出铁时，应发出声响信号；混铁炉在维护或炉顶有人时，不应倾动；当冷却水漏入混铁炉时，应待水蒸发完毕方可倾炉。

（16）混铁车倒罐站倒罐时，应确保混铁车与受铁坑铁水罐车准确对位；混铁车出铁至要求的量并倾回零位后，铁水罐车方可开往吊包工位。

（17）混铁炉与倒罐站作业区地坪及受铁坑内不应有水。凡受铁水辐射热及喷溅影响的建、构筑物，均应采取防护措施。

（18）铁水预处理设施，应布置在地坪以上；若因条件限制采用坑式布置，则应采取防水、排水措施，保证坑内干燥。

（19）采用 CaC_2 与镁粉作脱硫剂时，其贮粉仓应采用氮气保护；卸压时排出的粉尘应回收；该区域应防水、防火；CaC_2 仓附近区域，应设乙炔检测和报警装置。

（20）采用碳酸钠系作脱硫粉剂时，应做好设备的防护，其粉尘中的碳酸钠应回收利用。

（21）CaC_2 与镁粉着火时，应采用干碾磨氮化物熔剂、石棉毡、干镁砂粉等灭火，不能使用水、四氯化碳、泡沫灭火器及河沙等灭火。

（22）往炼钢炉兑铁水时，铁水罐不应压在转炉炉口或电炉受铁槽上，人员应位于安全区域。

2.3.3　炼钢相关设备安全检查内容

2.3.3.1　铁水罐、钢包、中间包、渣罐安全检查内容

（1）铁水罐、钢包、中间包的壳体上，应有排气孔。

（2）使用中的设备，耳轴部位应定期进行探伤检测。凡耳轴出现内裂纹、壳体焊缝开裂、明显变形、耳轴磨损大于直径的 10%、机械失灵、衬砖损坏超过规定，均应报修或报废。

（3）罐体耳轴，应位于罐体合成重心上 0.2～0.4 m 对称中心，其安全系数应不小于 8，并以1.25 倍负荷进行重负荷试验合格方可使用。

（4）铁水罐、钢包和中间包修砌后，应保持干燥，并烘烤至要求温度方可使用。

（5）用于铁水预处理的铁水罐与用于炉外精炼的钢包，应经常维护罐口；若罐口严重结壳，应停止使用。

（6）钢包需卧放地坪时，应放在专用的钢包支座上；热修包应设作业防护屏；两罐位之间净空间距，应不小于 2 m。

（7）钢包动水口，每次使用前应进行清理、检查，并调试合格。

（8）渣罐使用前应进行检查，其罐内不应有水或潮湿的物料。

（9）铁水罐、钢包内的铁水、钢水有凝盖时，不应用其他铁水罐、钢包压凝盖，也不应人工使用管状物撞击凝盖。有未凝结残留物的铁水罐、钢包，不应卧放。

（10）吊运装有铁水、钢水、液渣的罐，应与邻近设备或建、构筑物保持大于 1.5 m 的净空距离。

2.3.3.2　铁水罐、钢包、中间包烘烤器及其他烧嘴安全检查内容

（1）烘烤器应装备完善的介质参数检测仪表与熄火检测仪。

（2）采用煤气燃料时,应设置煤气低压报警及与煤气低压信号联锁的快速切断阀等防回火设施,应设置供设备维修时使用的吹扫煤气装置,煤气吹扫干净方可修理设备。

（3）采用氧气助燃时,氧气不应在燃烧器出口前与燃料混合,并应在操作控制上确保先点火后供氧(空气助燃时也应先点火后供风)。

（4）烘烤器区域应悬挂"禁止烟火"、"当心煤气中毒"等警示牌。

2.3.3.3　地面车辆安全检查内容

（1）车辆运行时,应发出红色闪光与轰鸣等警示信号。

（2）电动铁水、钢水和渣罐车的停靠处,应设两个限位开关。

（3）所有车辆,均应以设计载荷通过重车运行试验合格,方可投入使用。

（4）车间内有轨车辆,其轨道面应与车间地坪一致。

（5）铁水罐车、钢包车、渣罐车台面,应砌砖防护。

（6）进出车间的废钢料车与渣罐车,其运行轨道与车间外道路相交的道口,应设置交通指挥信号;运行距离较长时,车辆运行过程中应有专人监视;其他地面有轨车辆的运行,也应贯彻目视监控的原则。

2.3.3.4　起重设备安全检查内容

（1）起重机械及工具,应遵守《起重机械安全规程》(GB 6067—2010)的规定;炼钢厂用起重机械与工具,应有完整的技术证明文件和使用说明;桥式起重机等起重设备,应经有关主管部门检查验收合格,方可投入使用。

（2）对铁水罐、钢包龙门钩的横梁、耳轴销和吊钩、钢丝绳及其端头固定零件,应定期进行检查,发现问题及时处理,必要时吊钩本体应作超声波探伤检查。

（3）吊运重罐铁水、钢水或液渣,应使用带有固定龙门钩的铸造起重机,铸造起重机额定能力应符合《炼钢工艺设计技术规定》(YB 9058—1992)的规定;电炉车间运废钢料篮的加料吊车,应采用双制动系统。

（4）起重机械应标明起重吨位,应装设卷扬限位、起重量控制、行程限位、缓冲和自动联锁装置,以及启动、事故、超载信号装置。对吊具应定期检验。

（5）起重机应由经专门培训、考核合格的专职人员指挥,同一时刻只应一人指挥,指挥信号应符合要求。吊运重罐,起吊时应进行试重,人员应站在安全位置,并尽量远离起吊地点。

（6）起重设备的使用应严格执行操作牌制度。起重机启动和移动时,应发出声响与灯光信号,吊物不应从人员和重要设备上方越过;吊物上不应有人,也不应用起重设备载人。

2.3.3.5　外部运输设备安全检查内容

（1）尽头铁路线末端,应设车挡与车挡指示器。室内车挡后6 m、露天车挡后15 m范围内,不应设置建筑物与设备。

（2）无关人员不应乘坐锭坯车、铁水罐车、钢包车、渣罐车或运渣车、废钢料篮车及其他料车;运输炽热物体的车辆,不应在煤气或氧气管道、电缆通廊、管架等下方停留。

（3）进出炼钢生产厂房的铁路出入口或道口,应设置符合要求的声光信号报警装置。

（4）载运炽热物体应使用专用的柴油车,其油箱应采取隔热措施。

2.3.3.6　其他设备安全检查内容

（1）涉及人身与设备安全或工艺要求的相关设备之间或单一设备内部的动作程序,应设置程序联锁,前一程序未完成,后一程序不能启动,无论手动还是自动操作都应遵守程序联锁,但单体试运转时可以切除联锁。

(2)压力容器的设计、制造、验收与使用,应遵守压力容器有关规范的规定。

2.3.4　转炉冶炼单元安全检查内容

2.3.4.1　设备与相关设施安全检查内容

(1)150 t以下的转炉,最大出钢量不超过公称容量的120%;200 t以上的转炉,按定量法操作。转炉的炉容比应合理。

(2)转炉设有副枪时,副枪应与供水系统、转炉倾动设备、烟罩等联锁。

(3)转炉氧枪与副枪升降装置,应配备钢绳张力测定、钢绳断裂防坠、事故驱动等安全装置;各枪位停靠点,应与转炉倾动、氧气开闭、冷却水流量和温度等联锁;当氧气压力小于规定值、冷却水流量低于规定值、出水温度超过规定值、进出水流量差大于规定值时,氧枪应自动升起,停止吹氧。转炉氧枪供水,应设置电动或气动快速切断阀。氧枪(或副枪)应有可靠的防止坠落、张力保护和钢绳松动报警装置。

(4)不大于150 t的转炉,按全正力矩设计,靠自重回复零位;150 t以上的转炉,可采用正负力矩,但必须确保两路供电;若采用直流电机,可考虑设置备用蓄电池组,以便断电时强制低速复位。

(5)大、中型转炉倾动设备除应满足转炉正常操作时要求的最大力矩外,尚应考虑发生场炉和冻炉事故时所产生的过载力矩。

(6)氧枪供水系统应设进、出口冷却水量检测器和冷却水出口温度测定仪,并应有自动报警装置。

(7)氧气阀门站至氧枪软管接头的氧气管,应采用不锈钢管,并应在软管接头前设置长1.5 m以上的钢管,氧枪软管接头应有防脱落装置。

(8)转炉宜采用铸铁盘管水冷炉口;若采用钢板焊接水箱形式的水冷炉口,应加强经常性检查。

(9)从转炉工作平台至上层平台之间,应设置转炉围护结构;炉前后应设活动挡火门。

(10)烟道上的氧枪孔与加料口,应设可靠的氮封。转炉炉子跨炉口以上的各层平台,宜设煤气检测与报警装置;上述各层平台,人员不应长时间停留,以防煤气中毒。

(11)30 t以上的转炉应实施煤气净化回收。

(12)转炉煤气回收,应设一氧化碳和氧含量连续测定和自动控制系统;煤气的回收与放散,应采用自动切换阀,煤气放散的烟囱上部应设自动点火装置。转炉煤气回收系统,应合理设置泄爆、放散、吹扫等设施。

(13)转炉煤气回收,风机房的设计应采取防火、防爆措施,设置固定式煤气检测装置,配备消防设备、火警信号、通信及通风设施。

(14)转炉煤气回收系统的设备、风机房、煤气柜以及可能泄漏煤气的其他设备,应位于车间常年最小频率风向的上风侧。转炉煤气回收时,风机房属乙类生产厂房、二级危险场所,其设计应采取防火、防爆措施,配备消防设备、火警信号、通信及通风设施;风机房正常通风换气每小时应不少于7次,事故通风换气每小时应不少于20次。

(15)铁水预处理应有防喷溅措施。铁水脱硫用的电石粉的贮仓、运输系统和喷吹料罐应有防潮湿、防爆措施。

（16）转炉跨厂房的各层平台均应设一氧化碳浓度监测和报警装置。

（17）对30t以上的转炉兑铁水、出钢、出渣时所产生的烟尘宜设二次除尘系统。

2.3.4.2　生产操作安全检查内容

（1）转炉留渣操作时，应采取防喷渣措施。

（2）烘炉应严格执行烘炉操作规程。

（3）转炉生产期间需到炉下区域作业时，应通知转炉控制室停止吹炼，并不得倾动转炉。

（4）倒炉测温取样和出钢时，人员应避免正对炉口，待炉子停稳，无喷溅时，方可作业。

（5）有窒息性气体的底吹阀门站，应加强检查，发现泄漏及时处理。进入阀门站应预先打开门窗与排气扇，确认安全后方可进入，维修设备时应始终打开门窗与排风扇。

2.3.5　动力供应与管线安全检查内容

动力供应与管线安全检查内容如下：

（1）车间内各类燃气管线，应架空敷设，并应在车间入口设总管切断阀；车间内架空燃气管道与其他架空管线的最小净距，应符合有关规定的要求。

（2）油管道和氧气管道不应敷设在同一支架上，且不应敷设在煤气管道的同一侧。

（3）氧气、乙炔、煤气、燃油管道及其支架上，不应架设动力电缆、电线，供自身专用者除外。

（4）氧气、乙炔、煤气、燃油管道，应架设在非燃烧体支架上；当沿建筑物的外墙或屋顶敷设时，该建筑物应为无爆炸危险的一、二级耐火等级厂房。

（5）氧气、乙炔、煤气、燃油管道架空有困难时，可与其他非燃烧气体、液体管道共同敷设在用非燃烧体作盖板的不通行的地沟内；也可与使用目的相同的气体管道同沟敷设，但沟内应填沙，并不应与其他地沟相通。

（6）氧气与燃油管道不应共沟敷设；油脂及易燃物不应漏入地沟内。

（7）煤气、乙炔等可燃气体管线，应设吹扫用的蒸汽或氮气吹扫接头；吹扫管线应防止气体串通。

（8）各类动力介质管线，均应按规定进行强度试验及气密性试验。

（9）氧气、乙炔、煤气、燃油管道应有良好的导除静电装置，管道接地电阻应不大于10Ω，每对法兰间总电阻应小于0.03Ω，所有法兰连接处应该设导电跨接线。

（10）氧气管道每隔90～100m应进行防静电接地，进车间的分支法兰也应该接地，接地电阻应不大于10Ω。

（11）氧气、乙炔管道靠近热源敷设时，应采取隔热措施，使管壁温度不超过70℃。

（12）不同介质的管线，应涂以不同的颜色，并注明介质名称和输送方向；各种气体、液体管道的识别色，应符合《炼钢安全规程》规定。

（13）阀门应设功能标志，并设专人管理，定期检查维修。

（14）炼钢车间管道中氧气最高流速：碳钢管不大于15m/s；不锈钢管不大于25m/s。

（15）新敷设的氧气管道，应脱脂、除锈和钝化；氧气管道在检修和长期停用之后再次使用，应预先用无油压缩空气或氮气彻底吹扫。

（16）气管道的阀门，应选用专用阀门；工作压力大于0.1MPa时，不应选用闸阀。

（17）乙炔工作压力为0.02～0.15MPa时，管中最大流速不得超过9m/s。

（18）压力为0.02～0.15MPa的中压管道，应采取无缝钢管，且管内径不大于90mm；内径大于50mm的中压管道，不应使用盲板或死端头，也不应采取闸阀。

（19）车间内乙炔管道进口应设中央回火防止器；每个使用管头应设岗位回火防止器。

（20）煤气进入车间前的管道应装设可靠的隔断装置。在管道隔断装置前、管道的最高点及管道的末端，应设置放散管；放散管口应高出煤气管道、设备和走台4 m，且应引出厂房外。

（21）对车间煤气管道应进行强度试验和严密性试验。

（22）炼钢车间煤气间断用户不宜使用高炉煤气或转炉煤气。

2.3.6　炉渣处理单元安全检查内容

炉渣处理单元安全检查内容如下：

（1）采用热泼渣工艺倒钢渣时，热泼间、待用渣罐停放处应有防雨、防积水等防爆措施；热泼间的起重机应远距离操纵。热泼间厂房、设备应有防腐蚀措施，并与周围的建、构筑物保持一定距离，周围不宜架设管线和高压输电线。

（2）中间渣场应布置在距主厂房较远且周围建、构筑物较少的地区，熔融渣运输线路不应与铁路交叉，尽可能不与其他物料运输线交叉。中间渣场应设喷水设施。

（3）采用抱罐汽车运输液体渣罐时，罐内液渣不应装满，应留0.3 m以上空间，抱罐汽车司机室顶部与背面应加设防护装置；抱罐汽车运行路线宜设专线，避免与其他车辆混杂运行，并尽可能减少相交道口。

（4）对盛液渣的渣罐应加强检查，其内不应有水、积雪或其他潮湿物料。

（5）中间渣场吊运液体渣罐，应采取铸造起重机。中间渣场采用渣罐热泼液渣工艺时，应防止热泼区地坪积水。

（6）采用渣罐倾翻固体渣工艺的中间渣场，砸渣砣作业时，人员不应靠近作业区，防止落物伤人。

（7）炉渣冲击与挖掘机铲渣地点，应在耐热混凝土基础上铺砌厚铸铁板或采取其他措施保护。

2.3.7　汽化冷却单元安全检查内容

汽化冷却单元安全检查内容如下：

（1）水冷炉壁与炉盖的水冷板、竖井水冷件等，应配置出水温度与进出水流量差检测、报警装置。出水温度超过规定值、进出水流量差报警时，应自动断电并升起电极停止冶炼，操作人员应查明原因，排除故障。

（2）直流电弧炉水冷钢棒式底电极，应有温度检测，应采用喷淋冷却方式，避免采用有压排水方式。炉底冷却水管，应悬挂设置，不应采用落地管线，以防漏钢时酿成爆炸事故。

（3）氧枪供水系统应设进、出口冷却水量检测器和冷却水出口温度测定仪，并应有自动报警装置。

（4）采用汽化冷却回收蒸汽时，应遵守《蒸汽锅炉安全技术监察规程》的规定。汽包、蓄热器等高压容器应设独立厂房，并应有降噪、自动放散和压力安全保护装置。安全水位应与熔炼炉联锁。

（5）结晶器冷却水、二次冷却水设施，应设必要的水压、水温及流量检测仪表与报警装置，并应设置事故供水系统，保证在正常供水系统出现故障后，在限定时间内自动补水。

2.3.8　工业卫生单元安全检查内容

工业卫生单元安全检查内容如下：

（1）应采用新工艺、新技术、新设备、新材料，减少尘毒危害；放散有毒有害物质的生产过程和设备，应加强密闭，采用机械和自动化作业，避免直接操作；其作业场所应进行通风换气，外排烟气应净化处理；局部排出气流不得通过呼吸带。

（2）应采用低毒或无毒原材料代替高毒原材料；产生粉尘的生产作业应采取密闭作业、湿式作业或其他有效的除尘措施。

（3）禁止直接使用散状石棉；使用石棉制品的作业地点，应设通风净化装置和喷雾洒水装置。

（4）有害的散状物料，宜采取密闭装卸和管道运输。

（5）作业场所的粉尘、烟尘或有毒有害气体浓度超过国家标准规定又不易集中净化处理时，应设置密闭操作间，单独送入新鲜空气；严禁以密闭取代相应的治理措施。

（6）产生粉尘、烟尘、有毒有害气体或酸碱等强腐蚀性介质的车间，其墙壁、门帘、地面应满足冲洗清扫的要求，并设冲洗地面和墙壁的设施。

（7）尘毒净化管道系统和除尘器、净化器的进出口，应设检测孔，需要时应设置固定式工作平台及梯子；有爆炸性的尘毒气体的净化系统应设检测装置。

（8）应选用低噪声的工艺设备，并合理布置，充分利用地形、声源指向性、绿化带等的降噪作用，尽量使高噪声区与低噪声区分开。

（9）高噪声的通风机、鼓风机、压缩机和排气、放风等设备，应配备消声器或采取其他降噪措施；电动机、球磨机、柴油机、破碎机、振动筛、电炉、热锯、冷锯等噪声超标的设备，应采取降噪措施；在同一厂房内的高噪声源与其相邻的低噪声源之间应进行隔声处理。

（10）采取措施后难以使噪声降到 90 dB(A) 的作业区，应采用自动化设备或遥控；工作 8 h、噪声值超过 90 dB(A) 的操作岗位，应设置隔声操作室或值班室。

（11）锻压、重型机械设备和有防振要求的场所，应采用减振器、减振垫、防振沟或柔性连接等防振措施。

（12）振动较大的电气设备及部件，应有防振、减振措施。熔断器应设在无振动的地点。

2.3.9 浇铸单元安全检查内容

浇铸单元安全检查内容如下：

（1）钢包浇铸后，应进行检查，发现异常，应及时处理或按规定报修、报废。

（2）新砌或维修后的钢包，应经烘烤干燥方可使用。

（3）浇铸后倒渣应注意安全，人员应处于安全位置，倒渣区地面不得有水或潮湿物品，其周围应设防护板。

（4）热修钢包时，包底及包口黏结物应清理干净；更换氩气底塞砖与滑动水口滑板，应正确安装，并检查确认。

（5）新装滑动水口或更换滑板后，应经试验确认动作可靠方可交付使用；采用气力弹簧的滑板机构，应定期校验，及时调整其作用力。

（6）滑动水口引流砂应干燥。

（7）确定铸机弯曲半径、拉速、冷却水等参数时，应确保铸坯凝固长度小于冶金长度。

（8）大包回转台的支撑臂、立柱、地脚螺栓设计，应进行强度计算，计算中应考虑满包负荷冲击系数（1.5~2）；大包回转台旋转时，包括钢包的运动设备与固定构筑物的净距，应大于 0.5 m；大包回转台应配置安全制动与停电事故驱动装置。

（9）连铸浇铸区，应设事故钢包、溢流槽、中间溢流罐。

（10）对大包回转台传动机械、中间罐车传动机械、大包浇注平台，以及易受漏钢损伤的设备和构筑物，应采取防护措施。

（11）结晶器、二次喷淋冷却装置，应配备事故供水系统；一旦正常供水中断，即发出警报，停止浇注，事故供水系统启动，并在规定的时间内保证铸机的安全；应定期检查事故供水系统的可靠性。

（12）高压油泵发生故障或发生停电事故时，液压系统蓄势器应能维持拉矫机压下辊继续夹持钢坯 30～40 min，并停止浇注，以保证人身和设备安全。

（13）采用放射源控制结晶器液面时，放射源的装、卸、运输和存放，应使用专用工具，应建立严格的管理和检测制度；放射源只能在调试或浇注时打开，其他时间均应关闭；放射源启闭应有检查确认制度与标志，打开时人员应避开其辐射方向，其存放箱与存放地点应设置警告标志。

（14）连铸主平台以下各层，不应设置油罐、气瓶等易燃、易爆品仓库或存放点，连铸平台上漏钢事故波及的区域，不应有水与潮湿物品。

（15）浇注之前，应该检查确认设备处于良好待机状态，各介质参数符合要求；应仔细检查结晶器，其内表面应干净并干燥，引锭杆头送入结晶器时，正面不应有人，应仔细堵塞引锭头与结晶器壁的缝隙，按规定旋转冷却废钢物料。浇注准备工作完毕，拉矫机正面不应有人，以防引锭杆滑下伤人。

（16）对新结晶器和检修后的结晶器，应进行水压试验，合格的结晶器在安装前应暂时封堵进出水口；使用中的结晶器及其上口有渗水现象时，不应浇注。

（17）钢包或中间包滑动水口开启时，滑动水口正面不应有人，以防滑板窜钢伤人。

（18）浇注中发生漏、溢钢事故，应关闭该铸流。

（19）输出尾坯时（注水封顶操作），人员不应面对结晶器。

（20）浇注时应遵守下列规定：二次冷却区不应有人；出现结晶器冷却水减少报警时，应立即停止浇注；浇注完毕，待结晶器内钢液面凝固，方可拉下铸坯；大包回转台（旋转台）回转过程中，旋转区域内不应有人。

（21）引锭杆脱坯时，应有专人监护，确认坯已脱离方可离开。

（22）采用煤气、乙炔和氧气切割铸坯时，应安装煤气、乙炔和氧气的快速切断阀；在氧气、乙炔和煤气阀站附近，不应吸烟和有明火，并应配备灭火器材。

（23）切割机应专人操作；未经同意，非工作人员不应进入切割机控制室；切割机开动时，机上不应有人。

2.3.10　炉外精炼单元安全检查内容

2.3.10.1　设备与相关设施安全检查内容

（1）精炼炉的最大钢水量，应能满足不同炉外精炼对钢液面以上钢包自由空间的要求。

（2）钢水炉外精炼装置，应有事故漏钢措施。VD 等钢包真空精炼装置，其蒸汽喷射真空泵系统应有抵制钢液溢出钢包的真空度调节措施，并应设彩色工业电视，监视真空罐内钢液面的升降。

（3）LF 与 RH 电加热的供电设施，应遵循有关电气规程、规范，设备与线路的绝缘电阻应达到规定值，电极与炉盖提升机械应有可靠接地装置；若 RH 采用石墨电阻棒加热真空罐，真空罐应有可靠接地装置。

（4）RH 装置的钢包或真空包升降液压系统，应设手动换向阀装置。

（5）真空精炼装置,用氮气破坏真空时,应设大气压平衡阀及恢复大气压信号。信号应与真空罐盖开启、RH 吸嘴抽出钢液的动作联锁,当真空罐内外存在压差时,不应开启真空罐盖或抽出 RH 吸嘴。

（6）蒸汽喷射真空泵的喷射器,应包裹隔声层,废气排出口与蒸汽放散口应设消声器。

（7）炉外精炼装置中的粉料发送罐、贮气罐、蒸汽分配器、汽水分离器、蓄势器等有压容器,其设计、制造、验收和使用,应符合国家有关压力的规定。

2.3.10.2 生产操作安全检查内容

（1）精炼炉工作之前,应认真对其检查,确保设备处于良好待机状态、各介质参数符合要求。

（2）应控制炼钢炉出钢量,防止炉外精炼时发生溢钢事故。

（3）应做好精炼钢包上口的维护,防止包口黏结物过多。

（4）氩气底吹搅拌装置应根据工艺要求调节搅拌强度,防止溢钢。

（5）在炉外精炼区域与钢包运行区域,地坪不得有水或潮湿物品。

（6）精炼过程中发生漏水事故,应立即终止精炼,若冷却水漏入钢包,应立即切断漏水件的水源,钢包应静止不动,人员撤离危险区域,待钢液面上的水蒸发完毕方可动包。

（7）精炼期间,人员不得在钢包周围行走和停留。

（8）RH 新的或修补后的插入管,应经烘烤干燥方可使用;VD、RH 真空罐新砌耐火材料应予干燥。在 VD 真空罐内清渣或修理衬砖,应采取临时通风措施,以防缺氧。

（9）LF 通电精炼时,人员不应在短网下通行,工作平台上的操作人员不应触摸钢包盖及以上设备,也不应触碰导电体;人工测温取样时应断电;RH 采用石墨棒电阻加热真空罐期间,人员不应进入真空罐平台。

（10）RH 的插入管下方,不应有人员通行与停留;精炼期间,人员应处于安全位置。

（11）吊运满包钢水或红热电极,应有专人指挥;吊放钢包应检查确认挂钩、脱钩可靠,方可通知司机起吊。

（12）潮湿材料不应加入精炼钢包;人工往精炼钢包投加合金与粉料时,应防止液渣飞溅或火焰外喷伤人;精炼炉周围不应堆放易燃物品。

（13）喷粉管道发生堵塞时,应立即关闭下料阀,并在保持引喷气流的情况下,逐段敲击管道,以消除堵塞;若需拆检,应先将系统泄压。

（14）喂丝线卷放置区,宜设置安全护栏;从线卷至喂丝机,凡线转向运动处,都应设置必要的安全导向结构,确保喂丝工作时人员安全;向钢水喂丝时,线卷周围 5 m 以内不应有人。

2.3.11 修炉单元安全检查内容

修炉单元安全检查内容如下:

（1）修炉之前,应切断氧气,移开氧枪,切断炉子倾动和氧枪横移电源;关闭散料仓,切断气源;炉口应支好安全保护棚,切断钢包车和渣车电源。

（2）修炉用的脚手架应连接牢固,并经检查确认。

（3）拆炉作业的危险区域内不应有人员通行或停留。

（4）施工区应有足够照明,危险区域应设立警示标志及临时围栏等。

（5）有可能泄漏煤气、氧气、高压蒸汽、其他有害气体与烟尘的部位,应采取防护措施。

（6）在炉体内外作业,除执行停电挂牌制度外,还应将炉体倾动制动器锁定。

（7）高处作业人员应佩带安全带。

2.3.12　设备检修安全检查内容

设备检修安全检查内容如下：

（1）应按设备维护规程的规定，按时检修设备，不应拖延。

（2）设备大修应明确相应的指挥协调机构，并明确各单位安全职责；参加检修工作的单位，应在检修组织协调机构统一指导下，按划分的作业地区与范围工作；检修现场应配备专职安全员。

（3）检修之前，应有专人对电、煤气、蒸汽、氧气、氮气等要害部位及安全设施进行确认，并办理有关检修、动火的审批手续。

（4）检修中拆除的安全装置，检修完毕应及时恢复；安全防护装置的变更，应经安全部门同意，并应做好记录归档。

（5）设备检修和更换，必须严格执行各项安全制度和专业安全技术操作规程；检修前，应对检修人员进行安全教育，介绍现场工作环境和注意事项，做好施工现场安全交底。

（6）设备检修完毕，应先做单项试车，然后联动试车；试车时，应严格按照设备操作程序进行。

2.4　事故隐患及整改

2.4.1　隐患整改的目的

隐患整改是坚持"安全第一，预防为主，综合治理"方针的具体体现，以便明确责任，落实措施，及时消除事故隐患，防止事故发生。

2.4.2　事故隐患的定义及分类

2.4.2.1　事故隐患的定义

事故隐患是指生产单位违反安全生产法律、法规、规章、标准、规程和安全生产管理制度规定，或者因其他因素在生产经营活动中存在可能导致事故发生的物的危险状态、人的不安全行为和管理上的缺陷。

2.4.2.2　事故隐患的分类

事故隐患分为一般事故隐患和重大事故隐患。

（1）一般事故隐患指危害和整改难度较小，各单位发现后能够自行组织整改排除的隐患。

（2）重大事故隐患指危害或整改难度较大，需集团公司予以协调，并经过一定时间整改治理方能排除的隐患，或者因外部因素影响致使生产单位自身难以排除的隐患。

2.4.3　事故隐患的评估、分级和分类管理

2.4.3.1　事故隐患评估

对存在的各类事故隐患必须保证每季评估一次，根据评估结果实施分级管理。隐患评估采用专家（企业内部经验丰富的员工）评议法进行定性分析。对在各种检查中发现的事故隐患，责任单位要及时进行评估，制定并落实整改措施。

2.4.3.2 事故隐患分级和分类管理

按照事故隐患定义及"车间能解决的不推给分厂,分厂能解决的不推给公司"的原则,对评估出的事故隐患采用专家评议法确定等级并确定监控单位,事故隐患监控表见表2-1。

(1) 重大事故隐患由厂级相关职能部门及车间共同管理并推进隐患整改工作。

(2) 一般事故隐患由各车间自行管理并及时消除。图2-1所示为事故隐患处理程序。

(3) 事故隐患分类。对于各类事故隐患,责任单位应按工业建筑、设备、电气等分类管理并按部门职责落实整改措施。

表 2-1 事故隐患监控表

事故隐患等级	监控单位
重大事故隐患	厂级及车间单位
一般事故隐患	车间
	班组

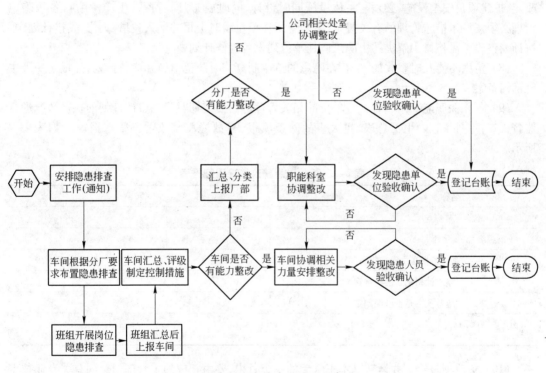

图 2-1 事故隐患处理程序

2.4.4 管理内容和要求

管理内容和要求具体如下:

(1) 炼钢厂要开展经常性的安全生产检查活动,运用科学的安全管理方法,定期组织事故隐患检查工作,检查组要由相关的职能部门组成,对检查出的隐患组成评价小组进行专项评价。

(2) 一旦发现事故隐患,根据隐患的级别,相关责任单位应成立隐患整改小组,并履行以下职责:

1）掌握事故发生的可能性及影响范围,落实现场监控部门和责任人;加强观察和监控,随时掌握隐患的动态变化,并做好详细记录。

2）制订整改计划并组织实施,并在隐患整改完毕后对整改结果组织验证,并保持相应的记录。

（3）炼钢厂、车间分别建立事故隐患整改台账（事故隐患整改台账可用危险源登记表代替,但必须体现对危险源登记表中所列的隐患实施的动态管理）。根据隐患类别,厂级台账分别由相应的管理部门保存。隐患整改完毕之前,应采取相应的安全措施,并设置警示标志。

（4）隐患整改必须严格遵循"六定"原则,即定临时防范措施,定整改时间,定整改方案,定整改负责人,定资金来源,定应急预案。

（5）制订生产经营计划时,必须优先安排事故隐患整改计划。整改项目一经确定,各职能部门必须认真抓好资金、设计、施工和验收工作的落实。重大事故隐患整改计划必须报上级主管部门备案。

（6）安全技术措施资金必须优先用于解决事故隐患的整改。

（7）凡新建、改建、扩建及技术措施项目,要按《安全生产法》的规定,做到"三同时"（新建、改建、扩建项目安全设施,必须与主体设施同时设计、同时施工、同时投入生产使用）,各级隐患治理必须按技术措施管理的有关规定,由隐患所在单位及时上报并纳入技措、大修、安措计划中,按计划整改。需检修中解决的由隐患所在单位列入各检修计划中实施。

（8）隐患不能及时整改的,由存在隐患的单位制订临时防范措施和应急计划,并报上一级主管部门备案。

（9）各相关职能部门和各二级单位的相关管理部门要定期对隐患整改计划的执行情况进行监督检查,每月填报隐患汇总表,重大事故隐患填报《事故隐患整改情况跟踪报表》,如表2-2所示。

表2-2　事故隐患整改情况跟踪报表

隐患名称			
单　位		地　点	
隐患级别		隐患类别	
是否已报送主管部门备案			
整改计划是否已经确定			
应急预案是否已经制定			

目前整改情况描述:

（10）整改项目竣工并运转基本正常后的一个月内,要由相应的主管部门会同有关专业技术部门共同验收,并报上级主管部门备案。

（11）对不立即处理有可能发生重大事故的隐患,应立即采取措施,必要时应停机、停工、停产和撤离人员,按操作规程和事故应急预案进行紧急处理。在条件许可时先报上级主管部门批准后执行。

（12）管理部门有权下发《事故隐患整改通知单》,有关单位接单后必须将隐患在指定期限内整改完毕。

（13）隐患整改完毕,隐患责任单位应立即申报相应的主管部门进行验收,并报主管部门销案。

（14）隐患整改监督采取专业职能部门监督和群众监督两种形式,各相关职能部门和安全部门应履行以下职责:

1）对上报的隐患必须及时赴现场勘察,明确隐患整改的责任单位,督促协助责任单位进行整改;

2）督促隐患责任单位落实整改责任人,制定整改方案和应急处理预案,落实整改资金。

（15）对限于当前的技术条件而暂时无法整改的,要列入危险区域进行管理。

2.4.5 事故隐患整改奖惩

事故隐患整改可采取如下奖惩措施:

（1）对存在的隐患隐瞒不报的责任单位,给予通报批评,并责令其上报和整改,同时给予10000元以上、30000元以下的罚款。

（2）对造成隐患未及时整改或未采取防范措施的单位,应责令改正,情节严重的,给予10000~30000元的经济处罚或提请主管部门给予单位主要负责人行政处分,并严格追究责任。

（3）对隐患不采取措施或措施不力,致使发生重、特大事故,造成生命和财产损失的,将依法追究事故单位和单位主要负责人及其他责任人的责任,构成犯罪的由有关部门依法追究刑事责任。

（4）炼钢厂应当建立奖励制度,鼓励从业人员发现、报告事故隐患。

3 炼钢厂人身伤害事故及预防

3.1 炼钢厂主要工艺设备

炼钢厂主要工艺设备有:铁水倒罐站(或混铁炉)、KR 铁水预处理、氧气顶底复吹转炉(或电炉)、CAS 吹氩喂丝站、钢包精炼炉、板坯连铸机等。主要工艺流程见图 3-1。

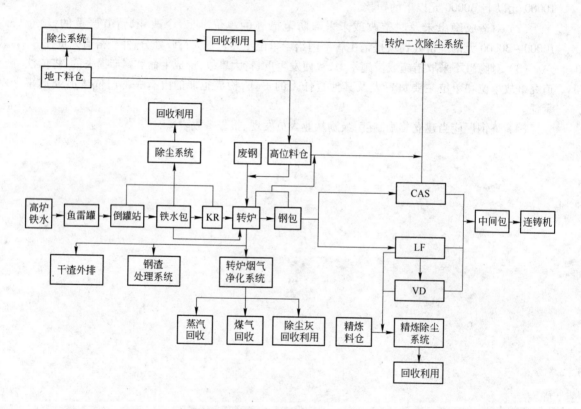

图 3-1 炼钢厂主要生产工艺流程图

3.2 炼钢厂人身伤害事故种类

3.2.1 基本概念

本书所指的人身伤害事故是指职工在劳动过程中发生的人身伤害、急性中毒事故。以下三种情况均属人身伤害事故:职工在本岗位劳动发生的人身伤害(即轻伤、重伤、死亡)和急性中毒事故;职工虽不在本岗位劳动,但由于企业的设备和设施不安全、劳动条件和作业环境不良、管理不善造成的人身伤害(即轻伤、重伤、死亡)和急性中毒事故;职工受企业领导指派到企业外从事本企业活动所发生的人身伤害(即轻伤、重伤、死亡)和急性中毒事故。

3.2.2 炼钢厂主要伤害类型

3.2.2.1 起重伤害

起重机械在吊装过程中造成起重伤害的原因如下：

（1）起重机械在运行过程中对人体造成挤压或撞击。

（2）起重机械吊钩超载断裂，吊装时钢丝绳从吊钩中滑出。

（3）吊装过程中重物坠落造成物体打击，重物从空中落到地面又反弹伤人。

（4）钢丝绳断裂造成重物下落，或使用的吊具吊装超过额定起重重量的重物等造成吊具断裂，重物下落。

（5）主厂房外检修煤气管道等设备时，汽车起重机械作业场所地面不平整、支撑不稳定、配重不平衡、重物超过额定起重重量造成起重机械倾覆。

（6）风力过大、违章作业造成室外的炉渣起重机械倾覆。

（7）机械传动部分未加防护造成机械伤害。

（8）载货升降机违章载人。

（9）人站在起重臂下。

（10）电气设备漏电、保护装置失效、裸导线未加屏蔽等造成触电。

（11）吊装时无人指挥、违章指挥、指挥不当，作业区内有人逗留，运行中的起重机械的吊具及重物摆动撞击行人。

（12）起重工人没有戴安全防护帽。

（13）司机室玻璃不干净造成视野不清，与指挥人员联络不畅或误解吊装信号。

（14）吊挂方式不正确，造成重物从吊钩中脱出。

（15）吊钩无防脱钩装置，吊物坠落。

（16）使用应报废的钢丝绳或使用的钢丝绳超过安全系数。

（17）吊装时方法不正确，斜拉歪吊，使钢丝绳从滑轮中跳出滑轮槽或者在卷筒上不规则缠绕。

（18）制动器出现裂纹，摩擦垫片磨损过大、失效。

（19）限位限量及联锁装置、行程开关失灵。

（20）无防护装置或出现故障。

（21）起重机械车轮从轨道上脱轨或者发生车轨啃轨现象。

（22）吊装中突然停电。

（23）起重作业大多起吊高温物体，如果使用绳芯为麻绳芯等不耐高温的钢丝绳会出现钢丝绳断裂等事故。

3.2.2.2 火灾

炼钢厂发生的火灾事故有电缆起火、液压站起火和遇氧起火等。

炼钢生产用电量大，主厂房内有大量电气设施，电缆隧道通风不良，电气设备过流引起电缆夹层过热，可能发生电缆火灾。

主厂房内设有液压站，液压站及其输送系统，是火灾的重要危险源。在液压设备检修过程不采取防火措施，违章动火作业，会发生火灾事故。

炼钢厂大量使用氧气，氧气接触油脂，与一氧化碳、工业切割气等易燃易爆气体混合达到爆炸极限,会发生火灾爆炸事故。氧气输送管道中进入铁屑、焊渣等异物时,会因与器壁、阀芯、弯道摩擦或撞击产生火花,使管道发生爆炸事故。氧气管道及其配件中的油脂、溶剂和橡胶等可燃物质,在高纯度和高压力的氧气流中也会迅速起火。当氧气在耐压值为 1.6 MPa 以上的管路中输送时,急开或速闭阀门时,可能因绝热压缩发生着火或爆炸。氧气管道在安装前和检修后应严格脱脂、钝化,否则氧气管道有发生火灾的可能。如某炼钢厂在检修氧气管道时起火,现场 7 人全被烧死。

在使用氧气的场所,人员若穿合成纤维等易产生摩擦静电的工作服,静电聚集放电遇氧气,有着火的危险;操作、维护、检修氧气系统的人员所用工具、工作服、手套等用品沾染油脂,遇到泄漏的氧气,一碰到火星,有发生着火烧伤的危险。

另外,在氧气管道输送时,气流的出口或调节阀处会产生并积聚静电荷。当氧气完全干燥并又带有金属微粒或尘埃及氧气充装流速快时,都能产生静电放电,此时,如果阀体内有可燃物质(油脂),极易造成着火爆炸事故。氧气系统的设备、管道如不接地或接地不合格,也会产生静电电位,并有放电危险。主厂房缺少避雷设施或避雷设施接地不良、放静电接地电阻过大都可能遭到雷击或雷电感应放电,进而引起火灾爆炸。

3.2.2.3　容器爆炸

容器爆炸包括汽化冷却烟道、汽包、蓄热器、除氧器以及储气罐等容器爆炸。

汽化冷却烟道和汽包超压可能发生爆炸事故,发生超压爆炸有以下几种情况:

(1) 汽化冷却系统设施不完备,安全泄压装置失灵、压力表失准、超压报警装置失灵或使用不当,液位计失灵,造成超压。

(2) 操作不当、出气管堵塞造成憋压。

(3) 汽化冷却烟道在严重缺水的情况下,若突然进水,当水遇到高温载热体时急剧汽化超压。

(4) 汽化冷却系统的钢材和制造质量不合格,设计、安装不合理。

(5) 汽化冷却系统材质疲劳,存在缺陷。

(6) 蒸汽管道安装质量不合格。

(7) 生产中遇到停电,或某工段发生事故,生产的蒸汽不能及时排出,如果安全阀失灵,汽包、蓄热器蒸汽压力憋高。

(8) 软水不合格,结垢太厚,造成汽化冷却烟道局部过热。

除氧器、压缩空气储气罐、氮气储气罐、液压蓄能器等因腐蚀等原因不能承压或操作失误或安全阀、泄压阀等卸压装置失灵造成超压,会导致压力容器物理爆炸发生。另外,如果压力容器设备本身有缺陷或使用过程中产生缺陷,且未定期检测到设备缺陷,设备缺陷引起承压能力下降就会造成容器爆炸事故发生。

3.2.2.4　其他爆炸

其他爆炸包括铁水、钢水、渣喷溅爆炸,一氧化碳及工业切割气爆炸等。

钢水是高温熔融物,与水接触就会发生爆炸。当水完全变成蒸汽后,其体积急剧增大约1500 倍,破坏力极大。炼钢厂重大生产设备事故和重大伤亡事故主要是铁水、钢水、渣喷溅爆炸。该类事故往往造成重大损失,且事故发生概率高,属于较常发生的事故,导致重大伤亡事故的频率较高,且发生伤亡事故的严重程度也较高,容易发生特大恶性伤亡事故。譬如,某厂转炉大喷溅伤亡 55 人(死亡 4 人,重伤 1 人,轻伤 50 人);某厂转炉爆炸伤亡 15 人(死亡 6 人,重伤 3人,轻伤 6 人)。造成该类事故的主要原因是氧枪、转炉的冷却水系统、烟道或其他部位漏水,氧枪坠落,氧枪提升装置与转炉倾动联锁失效,氧枪粘枪造成氧枪烧坏,氧枪喷嘴漏水,水遇到灼热钢水发生爆炸。炉料含油、水、雪、湿料、密闭容器和炸药雷管等爆炸物,以及能引起突然剧烈的碳氧反应的其他物质,也会发生大沸腾喷溅、爆炸等。转炉炉衬修砌质量不好,开新炉炉衬烘烤不当,或在吹炼过程炉衬维护不及时,会发生转炉漏钢;钢包的滑动水口处密封不严,滑动水口的滑道间隙过大,滑动水口安装不合格,钢包耐火材料受侵蚀、衬厚度不够或局部侵蚀严重,造成漏钢;潮湿地面或精炼区域及钢包运行区域有积水,与钢水接触会发生爆炸。铁水罐、钢包、中间包新砌耐火材料投入使用前未烘烤干燥,与铁水、钢水接触有发生爆炸的可能。漏钢时处理不当,会导致事故进一步扩大。

转炉炼钢过程中产生转炉煤气,转炉煤气中含有大量的一氧化碳,一氧化碳爆炸极限为12.5%～75%。在收集煤气过程中吸入过量空气造成氧含量超标,在爆炸危险区域违章动火作业,动火作业前未有效隔离,一氧化碳与空气混合达到爆炸极限,遇明火会发生爆炸事故。煤气在输送或使用过程中发生泄漏达到爆炸极限,遇火源、非防爆电气产生的火花,会发生爆炸事故。煤气管道无防静电措施,静电聚集发生放电,有引起爆炸的危险。VD处理完毕后未对其系统充氮气破坏真空系统,混入空气与残留的一氧化碳接触有发生燃爆的可能。

切割板坯用的工业切割气的主要成分为丙烷,丙烷爆炸极限为2.1%～9.5%,爆炸极限很低,如果丙烷发生泄漏,与空气混合达到爆炸极限,遇明火有发生爆炸的危险。切割气输送管道检修过程违章动火,有发生爆炸的危险。

3.2.2.5　中毒窒息

炼钢厂能够造成中毒窒息的气体有一氧化碳、氮气、氩气、氧气等气体。

煤气中含有大量的一氧化碳、二氧化碳和氮气,一氧化碳吸入后会在血中与血红蛋白结合而造成组织缺氧,严重者会出现中毒死亡。在设备密封不良或因设备管道阀门腐蚀、设备检修及操作失误、发生事故等情况下,煤气水封泄漏,煤气外泄,若无防护措施或处理不及时,未安装有毒气体报警器,进入有毒气体环境未佩带便携式有毒气体报警仪,进入有毒气体环境检修过程未佩带防护服或未按规定佩带防护服,会发生中毒窒息事故。

空气中氮气含量过高,使吸入气体氧分压下降,引起缺氧窒息。氮气管道发生泄漏,短时间内空气内氮气浓度过高,会造成窒息事故。

生产过程中使用氩气,高浓度时,使氧分压降低而发生窒息。氩浓度达50%以上,会引起严重症状;氩浓度达75%以上时,人员可在数分钟内死亡。当空气中氩浓度增高时,人员先出现呼吸加速,注意力不集中,心率失调;继之、疲倦乏力、烦躁不安、恶心、呕吐、昏迷、抽搐,以致死亡。氩气从管道、阀门、开关等处泄漏,可造成窒息甚至死亡事故。

常压下,当氧的浓度超过40%时,就有可能发生氧中毒。当发生爆炸及检修时碰撞氧气管道造成氧气管道泄漏时,有发生氧中毒的危险。

一氧化碳、氮气、氩气等有毒有害气体无色无臭,泄漏后不易被人们察觉,往往会造成更大危害。

3.2.2.6　锅炉爆炸

炼钢厂精炼一般采用LF-VD精炼炉,VD精炼炉采用蒸汽抽真空方式。为满足VD精炼炉蒸汽抽真空要求,设VD快速锅炉一台,锅炉蒸发量为20 t/h,蒸汽压力1.2 MPa。当锅炉出现下列情况时有发生锅炉爆炸的可能:

(1)锅炉系统设施不完备,未装安全泄压装置,泄压装置失灵、压力表失准、超压报警装置失灵或使用不当。

（2）锅炉水系统的钢材和制造质量不合格，或设计、安装不合理。

（3）锅炉材质疲劳，存在缺陷。

（4）操作工操作疏忽，违章作业等。

（5）锅炉在严重缺水的情况下，若突然进水，当水遇到高温载热体时急剧汽化超压，引起锅炉物理爆炸。

（6）软水不合格，结垢太厚，造成局部过热。

（7）蒸汽管道安装质量不合格，操作不当憋压，造成超压爆炸。

3.2.2.7　机械伤害

企业涉及的转动设备较多，在生产过程或设备检修过程中，操作、检修人员接近机械运动部件的危险区域时，如果无防护罩、防护屏挡板或强度不足或失效，容易引起碰撞、绞、碾等机械伤害。工作人员在整套设备或部分设备继续运转的条件下进行检修，停车检修在开关处未悬挂"正在检修，严禁合闸"的警示牌，会造成人员机械伤害事故。

在生产过程中，操作人员未穿戴安全帽、眼罩、眼镜、护臂手套、安全靴等，有造成机械伤害的可能。对操作人员缺少必要的安全教育和安全培训，操作人员安全意识不高，也有可能造成机械伤害。

散料输送采用皮带输送机，人行道距皮带输送机近，皮带输送机未设停车绳，无防跑偏装置，违章作业，会造成人员卷入皮带机内，发生伤亡事故。

3.2.2.8　烫伤

炼钢过程中高温设备、高温物料较多。铁水温度达1300℃，转炉冶炼温度更是达到2100～2200℃，出钢温度有1600℃，生产的钢坯、板坯均为高温。如果铁水在运输、预处理、吊装过程中流出，操作人员在转炉冶炼过程靠近转炉观察，在补炉过程中靠近炉口，就会造成灼伤烫伤事故；如果钢包在输送、吊运、连铸过程中流出，操作人员靠近热方坯、板坯，倾倒、运输炉渣与人体接触，蒸汽管道无保温层，均会造成灼伤烫伤事故。

3.2.2.9　车辆伤害

炼钢厂大多是通过汽车运入废钢和辅助原料等，通过火车运入鱼雷罐。在汽车运输车辆不遵守交通规则、不服从指挥、不按规定路线行驶、超速行驶、违章倒车、疲劳驾驶，特别是夜间运输时光线不好的情况下，都容易造成人员撞伤事故或物料滚落伤人事故。火车轨道与马路交界处未安装警报，无隔离设施，汽车违章行驶，会造成火车、汽车相撞事故，铁水溅出还有造成灼烫的危险。

3.2.2.10　高处坠落

主厂房为多层建筑，在高处作业特别是检修作业时操作不慎，登高作业未系安全带，防护栏腐蚀失效强度不足，高处天车、楼梯灰尘过多滑倒等会导致高处坠落事故的发生。

3.2.2.11　物体打击

高处物体落下、高处作业时不慎落物等会造成地面作业人员高处落物打击伤害。起重作业时违反操作规程，检修作业时违反规定，都会造成高处坠落、高处落物打击伤害。

氧枪检修过程中钢丝吊绳断裂,操作失误,造成氧枪高处坠落,有击伤人员的危险。

3.2.2.12 触电

生产装置中电气设备较多,线路老化,电缆磨损露出电缆芯,接地接零装置损坏失效,潮湿环境绝缘性下降,违章电气作业特别是违章送电、带电作业,移动照明未采用安全电压,移动式电气设备未采取保护接地措施,有发生触电的可能。

3.2.2.13 其他伤害

主厂房内未对所有地坪面和出入要道进行良好的维护,未明确规定人行道,厂房内照明设施不合理,转炉楼梯灰尘过多打滑,有可能造成行走人员绊倒、跌伤事故。大型电机运行时会对周围人员产生一定的电磁辐射。强光会造成眼睛暂时失明,从而引发其他事故的发生。喂丝过程中丝线无防护设施、丝线快速剧烈抖动有击伤人员的可能。安全色不全或无警示标志可能引起其他事故发生。跨越输送板坯的辊道时,不走过桥走辊道通过,辊道突然启动,有跌倒挤伤的可能。人员在行车上行走时有从扫灰口漏入腿脚造成伤害的可能。

3.3 炼钢厂人身伤害事故原因分析

3.3.1 事故直接原因分析

事故直接原因的确定是事故分析的关键,直接原因分析准确了,事故的性质就可以确定,然后再分析事故的间接原因。

在炼钢厂所发生的事故中,属于下列情况者为直接原因:机械、物质或环境的不安全状态;人的不安全行为。

3.3.1.1 机械、物质或环境的不安全状态

(1) 防护、保险、信号等装置缺乏或有缺陷。无防护,无防护罩,无安全保险装置,无报警装置,无安全标志,无栏杆或栏杆损坏,(电气)未接地,绝缘不良,无消声系统,噪声大,危房内作业,未安装防止"跑车"的挡车器或挡车栏等。

(2) 防护不当。防护罩未在适当位置,防护装置调整不当,防爆装置不当,放炮作业隐蔽所有缺陷,电气装置带电部分裸露等。

(3) 设备、设施、工具、附件有缺陷。设计不当,结构不符合安全要求,通道门遮挡视线,制动装置有缺陷,安全距离不够,挡车网有缺陷,工件有锋利毛刺、毛边,设施上有锋利倒棱等。

(4) 强度不够。机械强度不够,绝缘强度不够,起吊重物的绳索不符合安全要求等。

(5) 设备在非正常状态下运行。设备带"病"运行、超负荷运转等。

(6) 维修、调整不良。设备失修,地面不平,保养不当,设备失灵等。

(7) 个人防护用品用具——防护服、手套、护目镜及面罩、呼吸器官护具、安全带、安全帽、安全鞋等缺少或有缺陷。无个人防护用品用具,所有的防护用品用具不符合安全要求。

(8) 生产(施工)场地环境不良。照明光线不良,照明不足,作业场地烟雾尘土弥漫视物不清,光线过强,通风不良,无通风,通风系统效率低,风流短路,停风停电时放炮作业,瓦斯排放未达到安全浓度放炮作业,瓦斯超限,作业场所狭窄,作业场地杂乱,工具、制品、材料堆放不安全,交通线路的配置不安全,操作工序设计或配置不安全,地面滑,地面有油或其他易滑物,储存方法不安全,环境温度、湿度不当。

3.3.1.2　人的不安全行为

在逐步实现本质安全化的现代化炼钢厂,人的不安全行为造成事故的问题,须引起炼钢厂的普遍重视,在此作为重点内容加以分析。

炼钢中,人的不安全行为的表现形式有:

(1) 操作错误、忽视安全、忽视警告。未经许可开动、关停、移动机械,开动、关停机械时未给信号,开关未锁紧造成意外转动、通电或泄漏等,忘记关闭设备,忽视警告标志、警告信号,操作错误(指按钮、阀门、扳手、把柄等的操作),奔跑作业,供料或送料速度过快,机械超速运转,违章驾驶机动车,酒后作业,客货混载,冲压作业时手伸进冲压模,工件紧固不牢等。

(2) 造成安全装置失效。拆除了安全装置,安全装置堵塞、丧失了作用,调整的错误造成安全装置失效等。

(3) 使用不安全设备。临时使用不牢固的设施,使用无安全装置的设备等。

(4) 代替工具操作。用手代替手动工具,用手清除切削,不用夹具固定、用手拿工件进行机加工等。

(5) 物体(指成品、半成品、材料、工具、切削和生产用品等)存放不当等。

(6) 冒险进入危险场所。接近漏料处(无安全设施),运输、装车时未离危险区,易燃易爆场所明火。

(7) 攀、坐不安全位置(如平台护栏、汽车挡板、吊车吊钩)。

(8) 在起吊物下作业、停留。

(9) 机械运转时进行加油、修理、检查、调整、焊接、清扫等工作。

(10) 有分散注意力行为。

(11) 在必须使用个人防护用品用具的作业或场合,忽视其使用。未戴护目镜或面罩,未戴防护手套,未穿安全鞋,未戴安全帽,未佩带呼吸护具,未佩带安全带,未戴工作帽等。

(12) 不安全装束。在有旋转零部件的设备旁作业穿过肥过大服装,操纵带有旋转零部件的设备时戴手套等。

(13) 易燃易爆等危险物品处理错误。

3.3.2　事故间接原因分析

在炼钢厂的事故案例分析中,属于下列情况者为间接原因:

(1) 技术和设计上有缺陷——工业构件、建筑物、机械设备、仪器仪表、工艺过程、操作方法、维修检验等的设计、施工和材料使用存在问题。

(2) 教育培训不够,未经培训,缺乏或不懂安全操作技术知识。

(3) 劳动组织不合理。

(4) 对现场工作缺乏检查或指导错误。

(5) 没有安全操作规程或安全操作规程不健全。

(6) 没有或不认真实施事故防范措施,对事故隐患整改不力。

3.3.3　事故原因分析案例

[案例1]　钢水外泄爆炸事故

A　事故经过

某钢厂炼钢车间1号转炉0时20分出第1炉钢。该车间清渣班长陈某到钢包房把1号钢包车开到吹氩处吹氩。0 时 30 分,陈某把钢包车开到起吊位置,天车工刘某驾驶 3 号 80 t 天车落钩挂包(双钩)准备运到 4 号连铸机进行铸钢。陈某近站在钢包东侧(正确位置应站在距钢包 5 m 处)指挥挂包。陈某仅看到东侧钩挂好后,以为两侧钩也挂好了,就吹哨明示起吊。天车工刘某听到起吊哨声后起吊钢包。天车由 1 号炉向 4 号连铸机方向行驶约 8 m 后,陈某才发现天车西侧挂钩没有挂到位,钩尖顶在钢包耳轴中间,钢包倾斜,随时都有滑落坠包的危险。当天车行驶到 3 号包坑上方时,天车工刘某听到地面多人的喊声,立即停车。在急刹车的惯性作用下,西侧顶在钢包耳轴的吊钩尖脱离钢包轴,严重倾斜钢包(钢包自重 30 t,钢水 40 t)扭弯东侧吊钩后脱钩坠落地面,钢水洒地后因温差而爆炸(钢水温度 1640℃),造成 3 人死亡、2 人重伤和 1 人轻伤,事故直接损失 30 万元。

B　直接原因

3 号天车起吊钢包时,两侧挂钩没有完全挂住钢包的耳轴,而是钩尖顶在西侧耳轴的轴杆中间,形成钩与耳轴"线"接触。陈某指挥起吊时站位不对,他只能看到挂钩挂住东侧钢包耳轴上,而没有看到西侧挂钩是否挂住钢包西侧耳轴,就吹哨指挥起吊。造成钢包西侧受力不均匀,钢包倾斜,随时都有脱钩坠包的危险,导致天车工刘某操作天车时因急刹车惯性力作用,使西侧挂钩从耳轴上脱落,扭弯钢包东侧吊钩,造成钢包坠地,高温钢水倾翻,这是造成钢水外泄爆炸事故的直接原因。

C　间接原因

(1)该炼钢车间操作工人生产确认制、责任制、安全操作规程实施不到位。该钢厂确认制第 1 条第 3 款规定:"要保证做到确认安全无误再进行作业。"指车工安全操作规程规定"指吊金属液体,必须站在安全地方,确认无误方可指吊",而指车工陈某在没有确认两侧吊钩挂牢就指吊。

(2)天车工刘某违规操作,发现陈某指挥吊车站位不对没有告示,启车时没有按操作规程"点动"、"试闸"、"后移"、"准起吊"程序操作,造成吊包在中途急刹车的惯性力作用下西侧挂钩脱落,钢包受力不均匀扭弯东侧吊钩后坠地倾翻。

(3)该厂厂规、制度落不到实处,如同虚设,有关安全管理人员检查督促不到位。

(4)立体交叉作业安全隐患重大,安全生产保障措施不力。该厂炼钢产量现已超出原设计能力。由于生产工艺衔接的需要,换钢包滑板作业与天车空中行驶形成交叉作业,是安全生产的重大隐患。但该厂对此重大隐患缺少有力的安全措施,没有采取专人监护和统一指挥的作业方式,只是按吊物下不许有人作业的规定,要求地面作业人员看见天车来时躲闪,但在实际操作中作业工人安全意识不强,习惯性操作,忙于作业时根本就不躲闪。

(5)作业场地狭小,出现钢包坠地事故,钢水四溢爆炸,根本无处躲闪避险。

(6)生产车间噪声较大,天车行驶时预警铃声较弱,很难听到,没有起到预警作用,天车行驶频率较大,工人来回躲闪影响作业。

[案例 2]　钢丝绳断裂,钢渣四溅,烫死一人

A　事故经过

2003 年 10 月 11 日早晨,某钢铁公司某炼钢厂 1 车间 2 号电炉丁班在进行炼钢作业。上午 9 点 40 分,负责吊渣斗的电炉工陈某要来车间正在运行的 2 号桥式起重机上把吊渣斗专用钢丝绳吊索具挂在 2 号吊车小钩头上,欲将丙班留在渣坑中装有热钢渣的渣斗子运走。

9 点 45 分左右,陈某在坑下将绳扣挂在渣斗子上端两个耳轴上,走到东端梯子处(渣坑为东西方向,渣斗距渣坑东墙 9.6 m),此时操作台车上东端电炉工侯某发现陈某站在渣坑东墙根不上来,便喊"老陈,快上来",陈某没理睬,并挥动双手做着起吊手势。站在台车西端的王某,面向西

侧,感觉陈某有时间上到坑上后,便指挥吊车慢慢将绳子抻紧。就在绳子抻紧、稍做水平移动时,吊渣斗子钢丝绳突然断裂,渣斗倾翻,液体钢渣沿着渣坑自西向东流淌,钢渣前沿距渣坑东墙0.8m。渣斗子倾翻后坑上的人看到陈某的状态是:站在梯子第二磴上欲上攀。由于台车东端距渣坑东墙1.5m,形成通道,高温气流迅速抬升,陈某恰置于其间,致使呼吸系统吸入性损伤、窒息,同时衣裤被烤燃后烧伤,最终,陈某经医院抢救无效后死亡。

B 直接原因

(1)用于吊运钢渣斗子的钢丝绳(吊索具)有缺陷,事故发生前,所使用的钢丝绳(吊索具)在吊车钩头反复挤压下已有70%的钢丝受到创伤,并呈扁状,且已断丝严重;破损的钢丝绳承受不了渣斗重量,在起吊的瞬间突然断裂,致使渣斗子翻倒,上千摄氏度高温钢渣流淌出来,是造成此起死亡事故发生的直接、主要原因。

(2)电炉工陈某安全意识淡薄,违章作业,违反了该钢厂安全技术操作规程关于"吊运渣斗子的钢丝绳使用前必须认真检查"的规定,在没有对用于吊钢渣斗子的钢丝绳(吊索具)进行检查,将已断丝严重的钢丝绳(吊索具)继续用于吊钢渣斗子,造成吊车司机在刚开始起吊时,破损的钢丝绳承受不了渣斗重量而突然断裂。同时,违反了该钢厂《起重作业安全操作管理暂行规定》第6条"坑下司索作业,人上坑后方可指挥吊车作业"的规定,在下到渣坑挂钢丝绳后没有按规定回到地面,也是造成此起死亡事故发生的直接原因。

C 间接原因

(1)该钢厂对用于吊钢渣斗子的钢丝绳(吊索具)管理有漏洞,对长期用于吊运钢渣斗子的吊索具存在的缺陷和安全隐患认识不足,对吊索具管理不严,缺乏对吊索具日常保养、检查、更换的详细规定;长期违反起重作业有关安全规定,使用单根钢丝绳吊运钢渣斗子,造成钢丝绳在钩头处受挤压,使应力集中,导致破损严重,致使在使用前因检查不够而导致钢丝绳发生断裂。

(2)该钢厂长期用于吊钢渣斗子的钢丝绳(吊索具)工艺设计上有缺陷,使钢丝绳扣在开始使用时,操作者可以站在地面上将吊索具套在渣斗耳轴上,当使用一定时间后,绳扣在重力作用下,扣口距离变窄且小于耳轴直径,操作者就得下到坑下冒着随时被一千多摄氏度高温钢渣烫伤的危险,用双手掰开绳扣将其套在渣斗耳轴上,才能完成吊装作业,致使挂钩作业处于不安全的状态。

(3)该钢厂对炼钢作业的安全管理有漏洞。对从事吊装作业的安全管理不到位,造成无特种作业操作证的人员,指挥吊车作业;对职工的安全教育不到位,对炼钢作业现场的安全监督检查不到位,致使作业人员的违章作业得不到及时纠正。

3.4 各类人身伤害事故预防措施

在生产过程中,客观上存在的隐患是事故发生的前提。如果能及时发现并消除隐患,就可有效防止事故的发生。事故预防知识对如何发现隐患、及时采取措施、保证安全操作具有重要作用。因此,作为在生产岗位上的企业员工,要防止伤亡事故的发生,必须掌握事故预防知识。下面从机械事故预防、触电事故预防、火灾事故预防、爆炸事故预防、中毒窒息事故预防、高处坠落事故预防、锅炉压力容器事故预防、车辆伤害事故预防、职业病预防九个方面来分别介绍事故预防知识。

3.4.1 机械事故的预防

机械事故的发生很普遍,在使用机械设备的场所几乎都能遇到。一旦发生事故,轻则损伤皮肉,重则伤筋动骨,断肢致残,甚至危及生命。

机械事故造成的伤害主要有:咬入、挤压、碰撞或撞击、夹断、剪切伤或擦伤、卡住或缠住。下面对预防机械事故的一般方法加以介绍。

(1)机械设备应根据有关的安全要求,装设合理、可靠、不影响操作的安全装置。

(2)机械设备的零、部件的强度、刚度应符合安全要求,安装应牢固。

(3)供电的导线必须正确安装,不得有任何破损和漏电的地方。

(4)电机绝缘应良好,其接线板应有盖板防护。

(5)开关、按钮等应完好无损,其带电部分不得裸露在外。

(6)局部照明应采用安全电压,禁止使用110 V或220 V的电压。

(7)重要的手柄应有可靠的定位及锁紧装置,同轴手柄应有明显的长短差别。

(8)手轮在机动时应能与转轴脱开。

(9)脚踏开关应有防护罩或藏入机身的凹入部分。

(10)操作人员应按规定穿戴好个人防护用品,机加工严禁戴手套进行操作。

(11)操作前应对机械设备进行安全检查,先空车运转,确认正常后,再投入运行。

(12)机械设备严禁带故障运行。

(13)不准随意拆除机械设备的安全装置。

(14)机械设备使用的刀具、工夹具以及加工的零件等要装卡牢固,不得松动。

(15)机械设备在运转时,严禁用手调整,不得用手测量零件或进行润滑、清扫杂物等。

(16)机械设备运转时,操作者不得离开工作岗位。

(17)工作结束后,应关闭开关,把刀具和工件从工作位置退出,并清理好工作场地,将零件、工夹具等摆放整齐,保持好机械设备的清洁卫生。

3.4.2　触电事故的预防

3.4.2.1　触电事故的一般规律

(1)季节性。根据触电事故的统计表明,二、三季度事故较多。主要是夏秋天气多雨、潮湿,降低了电气绝缘性能,天气热,人体多汗衣单,降低了人体电阻。这段时间是施工和农忙的好季节,也是事故多发季节。

(2)低电压触电事故多。低压电网、电气设备分布广,人们接触使用500 V以下电气机会较多,人们的思想麻痹,缺乏电气安全知识,导致事故增多。

(3)单相触电事故多。触电事故中,单相触电要占70%以上。往往是非持证电工或一般人员私拉乱接,不采取安全措施,造成事故。

(4)触电者中青年人多。这说明安全与技术是紧密相关的,工龄长、工作经验丰富、技术能力强、对安全工作重视,出事故的可能性就小。

(5)事故多发生在电气设备的连接部位。由于该部位紧固件松动、绝缘老化、环境变化和经常活动,会出现隐患或发生触电事故。

(6)行业特点。冶金行业的高温和粉尘、机械行业的场地金属占有系数高、建筑行业的露天分散作业、安装行业的高空移动式用电设备等,用电环境条件恶劣,都是容易发生事故的地方。

(7)违章操作容易发生事故。这在拉临时线路、易燃易爆场所、带电作业和高压设备上操作等情况下最明显。

3.4.2.2　触电事故的预防措施

（1）电气操作属特种作业，操作人员必须经专门培训考试合格，持证上岗。

（2）车间内的电气设备，不得随便乱动。如果电气设备出了故障，应请电工修理，不得擅自修理，更不得带故障运行。

（3）经常接触和使用的配电箱、配电板、闸刀开关、按钮开关、插座、插销以及导线等，必须保持完好、安全，不得有破损或将带电部分裸露出来。

（4）在操作闸刀开关、磁力开关时，必须将盖盖好。

（5）电气设备的外壳应按有关安全规程进行防护性接地或接零。

（6）使用电钻、电砂轮等电动工具时，必须做到：

1）安设漏电保护器，同时工具的金属外壳应防护接地或接零。

2）若使用单相手用电动工具，其导线、插销、插座应符合单相三眼的要求；使用三相的手动电动工具，其导线、插销、插座应符合三相四眼的要求。

3）操作时应戴好绝缘手套和站在绝缘板上。

4）不得将工件等重物压在导线上，以防止轧断导线发生触电现象。

（7）使用的行灯要有良好的绝缘手柄和金属护罩。

（8）在进行电气作业时，要严格遵守安全操作规程，切不可盲目乱动。

（9）一般禁止使用临时线。必须使用时，应经过安技部门批准，并采取安全防范措施，要按规定时间拆除。

（10）进行容易产生静电火灾、爆炸事故的操作时（如使用汽油洗涤零件、擦拭金属板材等），必须有良好的接地装置，及时消除聚集的静电。

（11）移动某些非固定安装的电气设备，如电风扇、照明灯、电焊机等，必须先切断电源。

（12）在雷雨天，不可走近高压电杆、铁塔、避雷针的接地导线 20 m 以内，以免发生跨步电压触电。

（13）发生电气火灾时，应立即切断电源，用黄沙、二氧化碳、四氯化碳等灭火器材灭火。切不可用水或泡沫灭火器灭火，因为它们有导电的危险。

（14）打扫卫生、擦拭设备时，严禁用水冲洗或用湿布去擦拭电气设备，以防发生短路和触电事故。

（15）建筑行业用电，必须遵守《施工现场临时用电安全技术规范》。

3.4.3　火灾事故的预防

防火工作是企业安全生产的一项重要内容，一旦发生火灾事故，往往造成巨大的财产损失和人员伤亡。

3.4.3.1　企业火灾事故的特点

企业火灾事故有以下特点：

（1）爆炸性火灾多。爆炸引起火灾或火灾中产生爆炸是一些生产企业的显著特点。这些企业生产中所采用的原料、生产的中间产品及最终产品多数具有易燃易爆的特性或生产环境存在易燃易爆的物质，如果具备了点燃引爆的条件，就会发生爆炸并导致火灾，火灾又引起爆炸。

（2）大面积流淌性火灾多。可燃、易燃液体具有良好的流动特性，当其从设备内泄漏时，便会四处流淌，如果遇到明火，极易发生火灾事故。

（3）立体性火灾多。由于生产企业内存在的易燃易爆物质的流淌性和扩散性,生产设备密集布置的立体性和企业建筑的互相串通性,一旦初期火灾控制不利,就会使火势上下左右迅速扩展而形成立体火灾。

（4）火势发展速度快。在一些生产和储存可燃物品集中的场所,起火以后燃烧强度大、火场温度高、热辐射强、可燃气体及液体的扩散流淌性极强、建筑的互通性等诸多条件因素的影响,使得火势蔓延速度较快。

3.4.3.2 火灾发生条件

发生火灾必须同时具备三个条件:

（1）有可燃物质。不论固体、液体还是气体,凡是能与空气中的氧或其他氧化剂发生剧烈反应的物质,均可称为可燃物质,如碳、氢、硫、木材、纸张、汽油、酒精、乙炔、苯等。

（2）有氧化剂。氧化剂即通常所说的助燃物质,如空气、氧气、氯气、氯酸钾以及高锰酸钾等。

（3）有点火源。点火源即能引起可燃物质燃烧的能源,如明火焰、烟火头、电(气)焊火花、炽热物体、自然发热物等。

所以只要使以上三个条件中的任何一个条件不具备,就可以预防火灾事故发生。发生事故以后,如果已经采取了限制火灾发展的措施,火灾便会得到控制,人员伤亡和经济损失就会减少。

3.4.3.3 企业主要防火措施

（1）易燃易爆场所如油库、气瓶站、煤气站和锅炉房等工厂要害部位严禁烟火,人员不得随便进入。

（2）火灾爆炸危险较大的厂房内,应尽量避免明火及焊割作业,最好将检修的设备或管段拆卸到安全地点检修。当必须在原地检修时,必须按照动火的有关规定进行,必要时还需请消防队进行现场监护。

（3）在积存可燃气体或蒸汽的管沟、下水道、深坑、死角等处附近动火时,必须经处理和检验,确认无火灾危险时,方可按规定动火。

（4）火灾爆炸危险场所应禁止使用明火烘烤结冰管道、设备,宜采用蒸汽、热水等化冰解堵。

（5）对于混合接触能发生反应而导致自燃的物质,严禁混存混运;对于吸水易引起自燃或自然发热的物质应保持使用、贮存环境干燥;对于容易在空气中剧烈氧化放热自燃的物质,应密闭储存或浸在相适应的中性液体(如水、煤油等)中储放,避免与空气接触。

（6）易燃易爆场所必须使用防爆型电气设备,还应做好电气设备的维护保养工作。

（7）易燃易爆场所的操作人员必须穿戴防静电服装鞋帽,严禁穿钉子鞋、化纤衣物进入,操作中严防铁器撞击地面。

（8）对于有静电火花产生的火灾爆炸危险场所,提高环境湿度,可以有效减少静电的危害。

（9）可燃物的存放必须与高温器具、设备的表面保持足够的防火间距,高温表面附近不宜堆放可燃物。

（10）熔渣、炉渣等高热物要安全处置,防止落入可燃物中。

（11）应掌握各种灭火器材的使用方法。不能用水扑灭碱金属、金属碳化物、氢化物火灾,因为这些物质遇水后会发生剧烈化学反应,并产生大量可燃气体,释放大量的热,使火灾进一步扩大。

（12）不能用水扑灭电气火灾,因为水可以导电,容易发生触电事故;也不能用水扑灭比水轻的油类火灾,因为油浮在水面上,反而容易使火势蔓延。

(13)钢铁水泄漏发生火灾,不可用水扑灭,因为高温金属液遇水会发生爆炸。

3.4.4 爆炸事故的预防

3.4.4.1 工业生产中爆炸事故的特点

(1)爆炸事故往往不仅单纯地破坏工厂设施、设备或造成人员伤亡,还会由于各种原因,进一步引发火灾等。一般后者的损失是前者的 10~30 倍。

(2)化学工业的爆炸事故最多,而且爆炸后引发火灾事故所占的比例也最高。

(3)在很多情况下,爆炸事故发生的时间都很短,所以几乎没有初期控制和疏散人员的机会,因而伤亡较多。爆炸一般分为化学性和物理性爆炸两种类型。前者主要包括炸药、火药、可燃气体、蒸汽或粉尘等爆炸,后者主要包括锅炉、压力容器、钢铁水爆炸等。

3.4.4.2 预防爆炸事故的主要措施

(1)采取监测措施,当发现空气中的可燃气体、蒸汽或粉尘浓度达到危险值时,就应采取适当的安全防护措施。

(2)在有火灾、爆炸危险的车间内,应尽量避免焊接作业,进行焊接作业的地点必须要和易燃易爆的生产设备保持一定的安全距离。

(3)如需对生产、盛装易燃物料的设备和管道进行动火作业时,应严格执行隔绝、置换、清洗、动火分析等有关规定,确保动火作业的安全。

(4)在有火灾、爆炸危险的场合,汽车、拖拉机的排气管上要安设火星熄灭器,为防止烟囱飞火,炉膛内要燃烧充分,烟囱要有足够的高度。

(5)搬运盛有可燃气体或易燃液体的容器、气瓶时要轻拿轻放,严禁抛掷,防止相互撞击。

(6)进入易燃易爆车间应穿防静电的工作服,不准穿带钉子的鞋。

(7)对于物质本身具有自燃能力的油脂、遇空气能自燃的物质以及遇水能燃烧爆炸的物质,应采取隔绝空气、防水、防潮或采取通风、散热、降温等措施,以防止物质自燃和爆炸。

(8)相互接触会引起爆炸的两类物质不能混合存放;遇酸、碱有可能发生分解爆炸的物质应避免与酸碱接触;对机械作用较为敏感的物质要轻拿轻放。

(9)对于不稳定物质,在贮存中应添加稳定剂。

(10)防止生产过程中易燃易爆物的跑、冒、滴、漏,以防扩散到空间而引起火灾爆炸事故。

(11)锅炉操作人员必须经过有资格的培训单位培训并考试合格,取得操作证以后方可进行操作。

(12)锅炉、压力容器须在安全阀、压力表、液位计等安全装置保持完好的情况下才能使用,严禁超温超压运行。

(13)废旧金属在进入冶炼炉以前必须经过检查,清除里面可能混进的爆炸物。

(14)金属冶炼、浇注场地不能有积水,要保持干燥,以防高温金属液泄漏遇水发生爆炸。

3.4.5 中毒窒息事故的预防

在工业生产中,常常要接触一些有毒有害的物质,这些物质往往是以气体或蒸气形态出现,看不见、摸不着,危害人体健康,令人防不胜防。中毒以后,轻则引起头痛、头晕、身体不适等症状,重则使人窒息死亡。工业中常见的有毒物质主要有:铅、汞、一氧化碳、氮氧化物、氯、氢氨酸等。

下面对常见的一些有毒物质对人体的危害及其预防做一些简单介绍。

3.4.5.1 一氧化碳中毒及其预防

一氧化碳是一种剧毒气体,具有无色、无味、易燃、易爆等特性;在很多行业甚至日常生活都能接触到一氧化碳。一氧化碳经呼吸道侵入人体后,比氧更容易和血液中的血红蛋白结合,导致人体严重缺氧。轻度中毒时常出现剧烈头痛、眩晕、心悸、胸闷、恶心、呕吐、耳鸣、全身无力等,若吸入过量的一氧化碳,则常意识模糊、大小便失禁乃至昏迷、死亡。预防一氧化碳中毒应注意以下事项:

(1)冬天屋内生煤炉取暖必须使用烟囱,使"煤气"能够顺利排到室外。

(2)应经常测定空气中的一氧化碳浓度或设立一氧化碳警报器和红外线一氧化碳自动记录仪,监测一氧化碳浓度变化。

(3)定期检修煤气发生炉和管道及煤气水封设备,防止一氧化碳泄漏。

(4)生产场所应加强自然通风,产生一氧化碳的生产过程要加强密闭通风,矿井放炮后必须通风 20 min 以后,方可进入生产现场。

(5)进入危险区工作时,须戴防毒面具,操作后,应立即离开,并适当休息。作业时最好多人同时工作,便于发生意外时自救、互救。

3.4.5.2 氮氧化物中毒及其预防

常见的氮氧化物有一氧化氮、二氧化氮。中毒时,若以二氧化氮为主,主要引起肺伤害;若以一氧化氮为主时,可引起高铁血红蛋白症和中枢神经严重损害。

预防氮氧化物中毒的方法主要有:

(1)酸洗设备及硝化反应锅应尽可能密闭和加强通风排毒。

(2)定期维修设备,防止毒气泄漏。

(3)加强个体防护,进入氮氧化物浓度较高的场所工作时应戴防毒面具。

3.4.6 高处坠落事故的预防

高处作业是指凡在坠落高度基准面 2 m 以上(包含 2 m)有可能坠落的高处进行的作业。为了防止发生高处坠落事故,必须采取一定的预防措施。具体有以下几个方面:

(1)高处作业的人员,一般每年需要进行一次体格检查。患有心脏病、高血压、精神病、癫痫病等不适合从事高处作业的人员,不能进行高处作业。

(2)高处作业人员在各项安全措施和人身防护用品未解决和落实之前,不能进行施工。对各种用于高处作业的设施和设备,在投入使用前,要一一加以检查,经确认完好后,才能投入使用。

(3)高处作业人员的衣着要灵便,脚下要穿软底防滑鞋,不能穿拖鞋、硬底鞋和带钉易滑的靴鞋。操作时要严格遵守各项安全操作规程和劳动纪律。

(4)对作业中的走道、通道板和登高用具等,都应随时加以清扫干净。传递物件时不能抛掷。

(5)梯子不得缺档,不得垫高使用。梯子横档间距以 30 cm 为宜。使用时上端要扎牢,下端应采取防滑措施。

(6)施工过程中若发现高处作业的安全设施有缺陷或隐患,务必及时报告并立即处理解决。

对危及人身安全的隐患,应立即停止作业。所有安全防护设施和安全标志等,任何人不得毁损或擅自移位和拆除。

3.4.7　锅炉压力容器事故的预防

3.4.7.1　锅炉事故的预防

锅炉是生产蒸汽或加热水的设备。生产蒸汽的锅炉叫蒸汽锅炉,加热水而不把水转变为蒸汽的锅炉叫热水锅炉。按用途分,有电站锅炉、工业锅炉、机车船舶锅炉、生活锅炉等;按容量分,有大型锅炉、中型锅炉、小型锅炉。按蒸汽压力分,有低压锅炉(压力至 1.57 MPa)、中压锅炉(压力为 2.45 MPa 和 3.82 MPa)、高压锅炉(压力为 9.81 MPa)、超高压锅炉(压力为 13.73 MPa)、亚临界锅炉(压力为 16.67 MPa)和超临界锅炉(压力超过 22 MPa,即高于临界压力)。

常见的锅炉事故有以下五种:

(1)锅炉爆炸事故。锅炉爆炸包括超压爆炸、缺陷导致的爆炸和严重缺水导致的爆炸等几种情况。超压爆炸指安全附件故障引起的压力超过承载能力而造成的锅炉爆炸;缺陷导致的爆炸指锅炉承受的压力并未超过额定压力,因主要承压部件出现裂纹、变形等而造成的爆炸;锅炉严重缺水时加水或干烧都有可能引起爆炸。避免锅炉爆炸事故的主要措施是加强运行管理,加强质量控制和锅炉检验,发现故障和缺陷及时采取措施。

(2)水位异常。水位异常事故主要指缺水和满水事故。缺水事故是最常见的事故,处理不当和不及时,会烧坏锅炉甚至发生爆炸。造成水位异常的原因主要有以下几种:操作人员对水位监视不严、判断错误或误操作、水位报警器失灵、水位计不准确、自动给水控制系统或给水阀门失灵、排污不当或排污阀泄漏、受热面损坏、负荷骤变、炉水含盐量过大等。可针对不同情况,采取相应的预防措施。

(3)汽水共腾与水击。汽水共腾是指蒸发表面汽水共同升起,产生大量泡沫并上下波动翻腾的现象。产生汽水共腾时,水位计内也出现泡沫,水位急剧波动,汽水界限难以分清,过热蒸汽温度急剧下降,严重时蒸汽管道内发生水冲击。处理办法是:降低负荷;全部开启连续排污阀;降低锅水含盐量;适当增加下部排污量;增加给水;不断更新锅水等。

(4)烟道尾部二次燃烧。燃料燃烧不完全时,部分可燃物随烟气进入烟道尾部,积存于烟道内,可能发生着火燃烧。二次燃烧常常将空气预热器、引风机以及省煤器烧毁,造成重大经济损失。防止尾部二次燃烧的主要措施有:改善燃烧,提高燃烧效率;防止熄火;定期清除烟道内积灰或油垢;保持防爆门良好;对易于产生二次燃烧的锅炉,在尾部烟道装设灭火装置等。

(5)承压部件损坏。主要指水冷壁管及对流管爆破事故、过热器管爆破和省煤器管损坏等。预防承压部件损坏应依上述几种情况分别采取不同的预防措施。

预防锅炉事故的措施有:

(1)锅炉一般应装在单独建造的锅炉房内。锅炉房每层至少应有两个出口,分别设在两侧。锅炉房通向室外的门应向外开,在锅炉运行期间不准锁住或闭住。锅炉房内工作室或生活室的门应向锅炉房内开。锅炉房的出入口和通道应畅通无阻。

(2)锅炉房实行岗位责任制,对于班组长、司炉工、维修工、水质化验人员等分别规定职责范围。

(3)锅炉及其辅机的操作规程的内容应包括:

1)设备投运前的检查与准备工作;

2)启动与正常运行的操作方法;

3）正常停运和紧急停运的操作方法；

4）设备的维修保养。

（4）锅炉的管理要有设备维修保养制度、巡回检查制度、交接班制度、水质管理制度等。

（5）为确保锅炉安全运行，使用锅炉的单位应对锅炉房安全工作实行定期检查。

（6）司炉工必须忠于职守，严格执行操作规程，同时要不断学习，提高业务素质。

（7）蒸汽锅炉运行中遇有下列情况之一时，应立即停炉：

1）锅炉水位降到规定的水位极限以下时：不断向锅炉加大给水力度及采取其他措施，但水位仍继续下降；

2）锅炉水位已升到运行规程规定的水位上位极限以上时；

3）给水机械全部失效；

4）水位表或安全阀全部失效；

5）锅炉元件损坏，危及运行人员安全；

6）燃烧设备损坏，炉膛倒塌或锅炉构架被烧红；

7）其他异常运行情况。

3.4.7.2　压力容器安全

压力容器是指承受压力的容器。压力容器广泛应用于化工、炼油、机械、动力、轻工、纺织、冶金、核能及运输等工业部门，是生产过程中不可缺少的重要设备。与此同时，压力容器是一种具有爆炸危险的特殊设备，一旦发生事故将给国家财产和人民的生命带来不可估量的损失，因此必须加强安全管理。

压力容器的破裂形式有韧性破裂、脆性破裂、疲劳破裂、腐蚀破裂和蠕变破裂。

压力容器根据其压力高低、介质危害程度、用途以及在生产使用过程中的危险作用综合衡量，可以分为一类容器、二类容器、三类容器。

压力容器的安全防护措施有：

（1）压力容器的使用单位，必须建立《压力容器技术档案》。设备技术档案是正确使用设备的主要依据。通过设备技术档案可全面掌握设备情况，摸清设备的使用规律，防止因盲目使用设备而发生事故。其内容应包括容器的原始技术资料和使用记录。

（2）为保证容器安全运行，必须加强技术管理，建立必要的技术管理制度，并严格贯彻执行。容器使用单位应根据本单位所用容器的具体情况，在总技术负责人领导下，由设备管理部门设专职或兼职技术人员负责容器的技术管理工作。同时，容器使用单位应根据生产工艺要求和容器的技术性能制定容器安全操作规程。

（3）压力容器应严格按照操作规程的规定进行操作。

（4）加强压力容器的维护工作，并实行定期检验，以便及时发现并消除容器的缺陷和隐患。

（5）压力容器的操作人员必须经过培训和考核，并取得操作资格证书。

（6）压力容器发生下列异常现象之一时，操作人员应立即采取紧急措施，并按规定的报告程序，及时向本厂有关部门报告：

1）压力容器工作压力、介质温度或壁温超过许可值，采取措施仍不能得到有效控制；

2）压力容器的主要受压元件出现裂缝、鼓包、变形、泄漏等危及安全的缺陷；

3）安全附件失效；

4）接管、紧固件损坏，难以保证安全运行；

5）发生火灾直接威胁到压力容器安全运行；

6）过量充装；

7）压力容器液位失去控制，采取措施仍不能得到有效控制；

8）压力容器与管道发生严重振动，危及安全运行。

3.4.8　车辆伤害事故的预防

厂内运输车辆虽然只是在厂院内运输作业，但是，如果对安全驾驶的重要性认识不足、思想麻痹、违章驾驶以及车辆带病运行，就容易造成车辆伤害事故。据国家有关部门对全国工矿企业伤亡事故的统计表明，发生死亡事故最多的是厂内交通运输事故，约占全部工伤事故的 25%。因此，车辆运输事故预防的重要性是不容忽视的，决不能掉以轻心。

厂内车辆伤害事故有以下规律：

（1）与时间有关，每天 7 点到 15 点 30 分的事故最多；和驾驶员的年龄有关，一般 18~40 岁的人居多，其中，18~25 岁的占 25%，25~40 岁的占 32.5%。

（2）受伤部位以腿、脚最多。车辆事故可分为碰撞、碾轧、刮擦、翻车、坠车、爆炸、失火、出轨和搬运装卸中的坠落及物体打击等。

（3）违章驾车。事故的当事人，由于不按有关规定驾车行驶，扰乱正常的厂内搬运秩序，致使事故发生，如酒后驾车、疲劳驾车、非驾驶员驾车、超速行驶、争道抢行、违章超会车和违章装载等。

造成事故的原因有：

（1）疏忽大意。当事人由于心理或生理方面的原因，没有及时、正确地观察和判断道路情况而造成失误，如情绪急躁等原因引起操作失误而导致事故。

（2）车况不良。车辆的安全装置或调速装置等存在问题。

（3）道路环境差。厂区内的道路狭窄、曲折，物品占道或天气恶劣等原因使驾驶员操作困难，导致事故增加。

（4）管理不严。车辆安全行驶制度没有落实，管理规章制度或操作规程不健全，交通信号、标志、设施缺陷等管理方面的原因导致事故发生。

预防事故的措施主要有：

（1）车辆驾驶人员必须经有资格的培训单位培训并考试合格后方可持证上岗。

（2）车辆通过路口时，驾驶人员一定要先望，在没有危险时才能通过。

（3）严禁在铁路专用线上行走，更不允许推车行走，严禁从列车下面通过。

（4）车辆的各种机构零件，必须符合技术规范和安全要求，严禁带故障运行。

（5）汽车在出入厂区大门时的时速不得超过 5 km，在厂区道路上行驶，时速不得超过 20 km。

（6）装卸货物，不得超载、超高。

（7）对于装载货物的车辆，随车人员应坐在驾驶室内。

（8）电瓶车在进入厂房内，装载易燃易爆、有毒有害物品时严禁乘人。

（9）铲车在行驶时，无论空载还是重载，其车铲距地面不得小于 300 mm，但也不得高于 500 mm。

（10）严禁任何人站在车铲或车铲的货物上随车行驶，也不得站在铲车车门上随车行驶。

（11）严禁驾驶员酒后驾车、疲劳驾车、争道抢行等。

（12）在厂区内骑自行车时，严禁带人、双手撒把或速度过快，更不得与机动车辆抢道，在厂房内严禁骑自行车。

3.4.9 职业病的预防

职业病系指劳动者在生产劳动及其他职业活动中,接触职业性有害因素引起的疾病。职业病可分为职业中毒、尘肺、物理因素职业病、职业性传染病、职业性皮肤病、职业性眼病、职业性耳鼻喉疾病、职业性肿瘤及其他职业病等。下面主要讲述最常见的三种职业病,即职业中毒、尘肺、噪声危害的预防知识。

3.4.9.1 职业中毒

在生产中使用和产生的毒物,称为生产性毒物。在劳动过程中,由生产性毒物引起的中毒,称为职业中毒。职业中毒的发生,与毒物本身的性质、毒物侵入人体的途径及数量、接触时间及身体状况、防护条件等多种因素有关。

生产性毒物按其存在的形态、用途、化学结构及对人体的影响可分为金属与非金属毒物、刺激性气体、窒息性气体、有机溶剂、苯的氨基和硝基化合物、高分子化合物生产中的毒物、农药等。

毒物进入人体主要是通过呼吸道、皮肤、消化道三种途径。各种毒物的毒性及作用于机体的器官不同,有的可引起全身性中毒,有的可损害神经系统、消化系统、呼吸系统、血液系统、泌尿系统、心血管系统、生殖系统及内分泌系统等器官。某些毒物还具有致癌、致畸作用,对人体产生远期影响。

预防中毒的综合措施有:

(1)防毒技术措施。防毒技术措施主要分为以下几方面:

1)改革工艺设备和工艺操作方法,从根本上杜绝和减少毒物的产生。

2)以无毒或低毒原料代替有毒或高毒材料。

3)密闭式操作。生产过程的密闭化包括设备本身的密闭及投料、出料、物料的运输、粉碎、包装等过程的密闭化。

4)通风排毒与净化回收。

5)隔离操作。将毒源或工艺过程与操作者隔离开,以减轻职业危害。

6)个体防护。个体防护用品是保护职工在生产过程中的人身安全和健康必备的防御性装置,对于减轻职业危害起到相当重要的作用。防护工具包括工作服、工作帽、工作鞋、手套、口罩、眼镜、过滤式防毒呼吸器、隔离式防毒呼吸器等。

(2)防毒管理措施。企业及其主管部门在组织生产的同时要加强对防毒工作的领导和管理。有组织生产中自觉贯彻"管生产必须管安全"的原则,有计划地改善劳动条件、建立健全有关防毒管理制度,教育群众自觉保护自己。

车间空气中有毒物质的检测工作是搞好防毒工作的重要环节。通过测定可以了解生产场所污染的程度、污染的范围及动态变化,以了解毒害的程度及评价劳动条件,采取防毒措施。通过对作业环境的测定,可以为职业病的诊断提供依据,为制定和修改有关法规标准积累资料。

(3)防毒教育措施。对职工进行防毒的宣传教育,让职工既明白有毒物质对人体的危害性,又了解这些危害是可以预防的,从而使职工主动遵守安全操作规程,加强个人防护,积极学习和总结防毒先进经验,不断地改善劳动条件。要对工人进行个人卫生指导,如指导工人不在作业场所吃饭、饮水、吸烟等,坚持饭前漱口、班后洗浴、工作服清洗制度等。企业要定期对从事有毒作业的劳动者进行健康检查,以便能对职业中毒者早期发现、早期治疗。

3.4.9.2 尘肺的预防

A 发病机理

粉尘是工业生产过程中因研磨、挤压、撞击等作用，由固体物质形成的微细颗粒，其大小一般为微米量级(μm)。长期在高浓度粉尘环境下作业，最严重的危害对象是人的呼吸器官，例如易引起职业性鼻炎、呼吸道感染。

空气中的粉尘，其颗粒直径在5 μm 以上的称为非呼吸性粉尘，5 μm 及其以下的粉尘称为呼吸性粉尘。含尘空气进入呼吸系统时，其中的非呼吸性粉尘，由于鼻腔和上呼吸道的阻塞作用，会很快随着被呼出气流排出来，而呼吸性粉尘则进入人的肺部，并沉积在人的肺泡中，沉积在肺泡中的粉尘，会吸收肺泡的活性组织，与其形成坚硬的结缔组织，慢慢使肺失去弹性，降低肺的呼吸机能，这就是常说的尘肺病。

B 预防措施

要预防尘肺病，应采取如下措施，才能达到标本兼治的效果。

(1)加强技术治理，减少作业空气的粉尘浓度。尘肺的发病率与人吸入的粉尘量成正比例关系。因此，根本措施是减少空气的粉尘浓度。降低空气的粉尘浓度，必须采取多方面的措施，即综合治理，才能达到效果。这些措施包括：

1)减少尘源的产尘量。通常将连续不断产生粉尘的设备或作业工序称为尘源。用单位时间内的产尘量——产尘强度，表示尘源的产尘能力。减少尘源的产尘强度，可以采取的措施有：

① 改善作业工艺，减少原料的破碎程度。

② 在尘源周围设置密闭设备，使粉尘不扩散到空气中。

③ 在尘源处设置除尘器，将产生的粉尘收集起来。

2)设置通风除尘设备，净化作业空气。减少尘源的产尘强度是有一定限度的，因此，必须采取除尘措施。除尘措施有很多种，必须根据尘源产尘特征、粉尘特性选择。

(2)加强安全教育，增强工人的职业卫生意识。尘肺病的发作有一个较长的潜伏期，因此，很多人并不加以重视，没有养成良好的卫生习惯，不按照规定佩带防护用品。从事粉尘类作业的企业，例如水泥厂，一定要向职工传授尘肺病的基础知识、预防方法和危害性。

(3)加强劳动保护。要求接触粉尘职工按照规定戴防尘口罩。

(4)加强粉尘检测。作业环境的粉尘检测是安全管理的重要工作，只有知道作业环境粉尘分布特征，才能制定合适的防尘措施。粉尘检测应包括以下内容：

1)作业空间粉尘浓度(呼吸性粉尘和非呼吸性粉尘)平均分布。

2)粉尘浓度的时间分布。

3)空间中最大粉尘浓度分布地点。

4)粉尘的分散度分布。

5)粉尘的毒性测定和 SiO_2 含量。

3.4.9.3 听力保护

A 职业噪声的危害

职业噪声的危害是工业生产过程中一种较为严重的职业危害。高强度的噪声可导致人的心血管系统植物神经功能的失调和耳聋。强噪声除了可导致耳聋外，还可对人体的神经系统、心血管系统、消化系统以及生殖机能等产生不良的影响。特别强烈的噪声还可导致神经紊乱、休克，甚至危及生命。由于噪声易造成心理恐惧以及对报警信号的遮蔽，它又成为造成工伤死亡事故的重要配合因素。

B 预防途径

预防噪声危害的技术途径主要有：

（1）消声。控制和消除噪声源是控制和消除噪声的根本措施。

（2）改革工艺过程和生产设备，以低声或无声工艺及设备代替产生噪声的工艺和设备，将噪声源远离工人作业区均是噪声控制的有效手段。

（3）控制噪声的传播。用吸声材料、吸声结构和吸声装置将噪声源封闭，吸收辐射和反射的声能，防止噪声传播。常用的隔声材料有隔声墙、隔声罩、隔声地板等。常用的吸声材料有玻璃棉、矿渣棉、毛毡、泡沫塑料、棉絮等。

（4）采用合理的防护措施。

1）佩带护耳器。护耳器主要包括耳塞与耳罩。

2）合理安排劳动制度。工作日中穿插休息时间，休息时间离开噪声环境，限制噪声作业的工作时间，可减轻噪声对人体的危害。

（5）定期体检。接触噪声的人员应进行定期体检。对于已出现听力下降者，应加以治疗和观察，重者应调离噪声作业。就业前体检或定期体检中发现有明显的听觉器官疾病、心血管病、神经系统器质性病变者，不得让其参加接触强烈噪声的工作。

3.5 炼钢厂人身伤害事故案例分析

3.5.1 某炼钢厂人身事故分析

以某炼钢厂2001～2007年事故情况为背景，对人身伤害事故进行综合分析。

3.5.1.1 事故简况

2001～2007年共发生人身伤害事故183起（190人）。其中，轻伤133起（138人），占事故总数的73%；重伤30起，占事故总数的16%；死亡19起（21人），占事故总数的11%，从以上事故简况可明显看出，平均每年事故发生总数26起，7年来3个指标都呈下降趋势，而钢产量由319万吨上升为1225万吨，产量翻三番，安全生产形势基本稳定。具体情况见表3-1。

表3-1 2001～2007年某厂伤亡事故统计

年 份	钢产量/万吨	事故起数	轻伤人数	千人负伤率	重伤人数	千人重伤率	工亡人数	千人死亡率
2001	319	27	21	0.7	5	0.13	1	0.03
2002	381	29	20	0.7	6	0.16	3	0.08
2003	505	25	20	0.59	2	0.05	3	0.08
2004	687	31	27	0.67	3	0.07	2	0.05
2005	1015	34	26	0.50	3	0.10	4	0.08
2006	1120	21	13	0.07	5	0.03	5	0.03
2007	1225	15	11	0.05	2	0.01	1	0.01
均值	750.29	26	19.71	0.47	4.29	0.08	3	0.05

3.5.1.2　工伤事故分析

A　事故年份分布

2004 年、2005 年事故较多,分别为 31 起、34 起,从 2006 年开始事故总起数呈现下降趋势,其中 2006 年同比下降 13 起,2007 年同比下降 6 起,其余年份事故基本维持在 30 起左右。百万吨钢负伤率呈现下降趋势,由 2001 年的 8.0 下降到 1.3(2007 年至今),下降 84%。百万吨钢死亡率由 2001 年的 0.31 下降到 0.29(2007 年至今)。但事故伤害严重程度上升,年平均发生重伤 4.3 起;死亡人数年平均 3 人,安全形势依然严峻。

B　事故月份分布

从事故分布的月份看,3 月份、5 月份、6 月份、10 月份是事故的高发期,这四个月份共发生事故 87 起,占事故总数的 48%,符合历史数据统计的规律。

从重伤、死亡事故的分布看,1 月份、5 月份、10 月份重伤、死亡事故较集中,其中 1 月份 6 起(4 重 2 亡),5 月份 9 起(6 重 3 亡),10 月份 8 起(4 重 4 亡),这三个月份占重伤、死亡总起数的 77%,并且 5 月份也是 7 年以来发生重伤、死亡事故最多的月份。

C　事故类型分布

如表 3-2 所示,在 182 起事故中,起重伤害、物体打击、机械伤害、灼烫四种事故类型较为突出,其中起重伤害事故 28 起,物体打击事故 34 起,机械伤害事故 46 起,灼烫事故 22 起,四种事故类型共发生事故 130 起,占事故总数的 71%。

从重伤、死亡事故的分布情况看,重伤、死亡事故主要集中在起重伤害(5 重 4 亡)、物体打击(7 重 1 亡)、机械伤害(9 重 4 亡)三种事故类型,三种类型共发生重伤、死亡事故 30 起(21 重 9 亡),占重伤、死亡事故总数的 61%。其中重伤占重伤事故总数的 70%。

表 3-2　事故类型统计

事故类型	物体打击	起重伤害	触电	火灾	窒息	机械伤害	灼烫	高处坠落	车辆伤害	煤气中毒	其他伤害	合计
事故数	34	28	4	3	1	46	22	17	9	4	14	182
占事故总数百分比/%	19	15	2	2	1	25	12	9	5	2	8	100

D　伤亡人员年龄分布

在受伤害的 189 名人员中,35 岁以下青年工 67 人,占伤害人员总数的 35%;36 ~ 45 岁的中年工 71 人,占伤害人员总数的 38%;46 岁以上的老年工 51 人,占伤害人员总数的 27%。青工、中年工占比例较大。

在发生的重伤、死亡事故中,中年工重伤、死亡人数较多,共 24 人(重伤 14 人,死亡 10 人),占重伤、死亡总人数的 47%。

E　伤害部位分布

在 189 名伤害人员中,头面部受伤的有 31 人,占 16%;胸腹部受伤的有 24 人,占 13%;上肢受伤的有 56 人,占 30%;下肢受伤的有 66 人,占 35%。由于头面部受伤致死 9 人,胸腹部受伤致死 4 人,这两个部位伤害致死人数占 7 年死亡人数的 62%。

F　交接班特定时间段

在 182 起事故中,发生在交接班特定时间段的事故共 33 起,占事故总数的 18%,其中死亡事故 8 起,占死亡事故总人数的 38%。

G 作业类型分析

在 182 起人身伤害事故中,检修、处理故障等非重复性作业事故共 68 起,占事故总数的 37%,其中重伤 11 起,死亡事故 7 起。

H 事故原因分析

从事故原因分析看,在 182 起事故中,由于本质不安全、作业环境差造成的事故 25 起,占事故总数的 14%;由于违章作业造成事故 56 起,占 31%;由于安全措施不到位、互保联保不到位造成事故 32 起,占 18%;由于个人不小心、安全意识差造成事故 69 起,占 38%。

I 伤害人员工种分析

在 189 名伤害人员中,钳工、电工、电焊工、铆工、检修工等检修作业人员数量较多,共 58 人,占伤害总人数的 31%。其中钳工 29 人,电工 16 人,这两个工种就占总人数的 24%。主要是检修和安装钳工作业地点不固定,多为手工操作,遭受伤害的概率最高。电工伤害的主要原因是没有认真执行作业规程。

3.5.2 典型事故案例

3.5.2.1 烫、烧伤事故案例

[**案例1**] 违章装炉,爆炸身亡

A 事故经过

1987 年 3 月 5 日夜班,某炼钢厂混铁炉车间废钢组组长李某、废钢工曹某同主跨 2 号天车工陈某(死者)共同作业,将废钢区含湿泥的废钢锭模装斗挂吊入炉,3 时 15 分当第 3 块含湿泥的废钢锭模装入 3 号转炉时发生爆炸,铁水从炉口喷出,在主跨 2 号天车上操作的天车工陈某被喷出的铁水灼烫致死。

B 直接原因

此事故主要原因是废钢工严重违章操作。事发前一天发生过装含湿泥的废钢锭模入炉后炉口喷渣现象,且 3 月 5 日夜班前值班主任专门向废钢组组长交代,但操作中未按规程执行。

C 间接原因

有关生产岗位和管理人员对废钢入炉各环节检查把关不严。

[**案例2**] 炉缸老化,烧穿伤人

A 事故经过

1988 年 5 月,某厂 3 号炉炉缸发生局部爆炸,火渣进入卷扬机室,部分设备和门窗损坏,现场一片漆黑。当时在卷扬机室内工作的一名女卷扬工听到爆炸声并感到机房剧烈振动,急忙向外跑时不慎跌倒在喷出的火渣上,造成面部和双手等处烧伤。

B 直接原因

该炉炉缸老化,炉缸冷却壁漏水,最终引起爆炸。

C 间接原因

存在管理原因,设备超期服役,对事故的潜在危险性认识不足。

[**案例3**] 经验不足,喷溅伤人

A 事故经过

1989 年 7 月,某钢厂炼钢车间 2 号转炉第 4 炉钢吹氧到第 12 min 时,摇炉至 30°兑入上炉钢

包余钢约 1 t,兑完后发现炉口冒蓝色火焰,钢包未及吊走即发生喷溅。炉内喷出的大量钢渣击碎操作室玻璃进入室内,烧坏全部设施并造成一名摇炉工全身大面积烫伤。

　　B　直接原因

　　主要是作业人员经验不足,氧枪较长时间高位吊吹,形成底部高碳、上部低碳和氧化性较强熔渣的高梯度熔池。在未采取有效措施的情况下,将约 1 t 余钢急速兑入炉内,造成强烈的搅拌和催化作用,熔池中的碳和氧产生爆炸性反应,一氧化碳气体急骤生成并形成喷溅。

　　C　间接原因

　　一是该厂对余钢兑入转炉时防止喷溅的安全规程不健全。

　　二是车间炉前管理不严谨,个别人不按规定穿用防护用品。

　　[案例 4]　违章作业,致人重伤

　　A　事故经过

　　1992 年 8 月,某钢厂 1 号转炉新钢渣水淬设备进行试生产。18 时 15 分接完第 4 炉渣,将盛有熔渣的罐车开向水淬点,当车开到距水淬池 2 m 远时,因电缆线断停下,当班水淬工便叫接渣工开动渣车顶推渣罐车就位,渣车开到渣罐车近前时,又因电缆线断停车,接渣工接好电线继续开动渣车顶推渣罐车,突然听到喊叫声,发现水淬工从渣罐车上摔下,多处摔伤和烫伤。经调查分析认为,水淬工看到两车电缆线都断,渣罐车停车时间过长,便爬上去观察流渣口情况并准备处理渣壳时,渣车开动推动渣罐车将其晃倒致伤。

　　B　直接原因

　　接渣工违章用渣车顶推渣罐车,且开车前未认真检查确认周围情况。

　　C　间接原因

　　该厂及车间对于渣罐车和渣车断线问题一直未从根本上解决。

　　[案例 5]　转炉喷火,烧死炉长

　　A　事故经过

　　1993 年 6 月,某厂 1 号转炉补炉,烧结 70 min 后装铁吹炼,20 min 后出钢,出了约 10 t 钢水,炉长观察炉况从炉口前经过,被炉中喷出的火焰烧伤,面积达 75%。在住院治疗期间,病房条件差、技术力量不足等原因,给治疗造成一定影响,转院后死亡。

　　B　直接原因

　　炉长违反了"补炉后倒第 1 炉钢时不得面对炉口或从炉口前经过"的规定。

　　C　间接原因

　　该厂安全管理不严格,执行制度或规程不力。

　　[案例 6]　防范不周,造成死亡

　　A　事故经过

　　1993 年 7 月,某厂 3 号转炉因漏炉造成停炉,经研究决定补炉。考虑到补炉是在量大、炉温低、烧结困难的情况下进行的,补炉方案采取先化冷钢,提高炉温,然后分层补炉和烧结的方法,以确保补炉作业的质量。补炉结束即装铁炼钢。第 1 炉钢在冶炼过程中无异常,于 7 时 20 分出钢,为防止可能发生的喷溅,厂两名副厂长在炉前炉后分别指挥,疏散附近人员。出了一部分钢后,炉内剧烈喷溅,将 30 m 外正在吹氩平台上做测温准备工作的一名浇钢工烧伤,随后其死亡。

　　B　直接原因

　　一是防范措施不够周密,对喷溅的严重性估计不足;

二是这次补炉量大,炉温低,烧结困难,出钢摇炉炉底暴露之后,部分炉料脱落,未烧透的碳氢化合物急剧氧化,瞬间形成高温高压气流喷射而出。

C 间接原因

该厂执行规定不力,未按规定及时补炉、勤补少补。

[案例7] 站位不当,跌落灼伤

A 事故经过

2006年1月13日15时20分左右,某炼钢厂1号转炉冶炼完最后一炉钢,溅渣的同时由丙班炉前工清理炉身积渣。炼钢车间丙班炉前工楚某,站在炉台边用钎子撬炉裙板上的一块粘钢。在粘钢被撬下的同时,因用力过猛身体失去平衡,坠下炉台掉入炉下渣盆中,造成双脚等处烧伤。

B 直接原因

炉前工楚某在从事清理炉渣作业时,安全站位不当,用力过猛造成身体失去平衡跌落炉下。

C 间接原因

一是炉长甄某、炉前工楚某等作业人员在清理炉身钢渣作业时对该区域存在的危害因素辨识不到位,安全未确认,没有制定出有效的安全防护措施。

二是该炼钢厂对生产现场存在的事故隐患查处力度不够,对职工安全教育不到位,职工自我保护意识不强。

[案例8] 钢包滑落,造成群死群伤

A 事故经过

2007年4月18日7时45分,某特殊钢有限责任公司生产车间,一个装有约30t钢水的钢包在吊运至铸锭台车上方2~3m高度时,突然发生滑落倾覆,钢包倒向车间交接班室,钢水涌入室内,致使正在交接班室内开班前会的32名职工当场死亡,另有6名炉前作业人员受伤,其中2人重伤。

B 直接原因

该公司生产车间起重设备不符合国家规定,按照《炼钢安全规程》的规定,起吊钢包应采用冶金专用的铸造起重机,而该公司却擅自使用一般用途的普通起重机。

C 间接原因

一是设备日常维护不善,如起重机上用于固定钢丝绳的压板螺栓松动。

二是作业现场管理混乱,厂房内设备和材料放置杂乱、作业空间狭窄、人员安全通道不符合要求。

三是违章设置班前会地点,该车间长期在距钢水铸锭点仅5m的真空炉下方小屋内开班前会,钢包倾覆后造成人员伤亡惨重。

这是多年来冶金行业发生的一次死亡人数最多的特别重大生产安全事故,教训十分深刻。事故发生后,国务院领导同志要求查清原因、总结教训,防止同类事故发生。

[案例9] 天车吊运重包撞掉滑件甩钢,烫伤地面人员

A 事故经过

2006年7月28日21时30分左右,某钢厂天车车间职工李某操作天车吊运重包,起升到安全高度后操作主小车往东运行,因判断失误,主小车未到位即开动大车,钢包滑件突出部分(约200mm)撞到精炼平台悬臂吊立柱爬梯上,钢包滑件脱落,造成甩钢,将地面作业人员张某烫伤。事故发生后,同车天车工陈某立即接替操作,将主小车开出精炼平台,并将钢包坐到附近另一钢包上,但该钢包为下线钢包,未安装滑件,当班调度主任立即指挥另一辆天车吊运另一钢包到事

故现场,陈某当即将事故包坐到该钢包上,回余钢水约80 t。

B　直接原因

天车工李某责任心不强,对工作性质认识不够,放松警惕。

C　间接原因

一是受钢跨当班工长陈某未及时协助确认主小车位置,未起到监护作用,对事故的发生负有一定的领导、监护责任。

二是当班工长毕某对职工的安全教育不到位,负有一定的管理责任。

三是天车车间对职工安全、精准操作教育不到位,负有一定的管理责任。

[案例10]　钢渣遇水爆炸,致人死亡

A　事故经过

2004年12月21日12时20分,某炼钢厂转炉炉下清渣工将D1号炉下接满钢渣的渣斗挂好,由渣场工李某指挥天车工张某将渣斗吊至渣场东北角处缓慢冷却。14时40分左右,李某指挥天车工邢某将此渣斗挂好后,指挥天车起吊,准备翻磕渣斗。李某待天车起升后,向东躲至安全位置。天车工将大钩起升到接近限位高度时,将小车向南慢速开动,同时鸣铃示警。小车开至渣场中间略作停顿后,继续南开,渣斗接近磕包位置时再作停顿,而铲车司机贾某听到鸣铃示警后,倒车至干渣跨南侧立柱附近。此时渣斗表面结壳突然鼓开,部分未凝固的稀渣流出,顺干渣堆南侧斜坡淌到距铲车北侧约3 m处。此处地面潮湿,瞬间产生的高温长火焰夹带部分红渣扑向铲车驾驶室,将司机贾某烧伤,经抢救无效死亡。

B　直接原因

一是水淬车间渣场工李某违反《渣场工岗位安全规程》"配合铲车装车,必要时给红渣适量打水,以防烧坏轮胎,但干渣处理场地不准潮湿,严禁有水"的规定,违反《天车工岗位工作标准》"严禁渣罐、渣斗在潮湿或有积水的现场放置或进行翻罐翻渣斗工作"的规定,违反《水淬车间渣场工岗位工作标准》第四条"对渣场积水或潮湿的处理负责"的规定,在渣场潮湿、有水的情况下,未对渣场及时处理就进行翻斗作业;违反《水淬车间渣场工岗位工作标准》第一条第十八款"有行人和车辆时,不准指挥天车翻罐、翻斗"和第十九条"监督天车工翻罐、翻斗……"的规定,待天车起升,李某向东躲至安全位置后,没有确认人员、车辆是否安全,未再指挥天车,没有尽到指挥监督职责,致使在铲车未完全退至安全区域的情况下,天车吊起渣斗并吊至磕斗位置,造成渣斗表面结壳突然鼓开,稀渣流出并流至铲车附近。

二是水淬车间天车工邢某违反《通用规程》"使用天车要有专人指挥,手势、哨音标准、清楚……"的规定,违反《天车工岗位工作标准》"严禁渣罐、渣斗在潮湿或有积水的现场放置或进行翻罐翻渣斗工作"的规定,没有对地面潮湿、积水情况进行确认,在李某向东躲至安全位置后,没有地面人员明确指挥的情况下,未确认地面人员、车辆是否退至安全区域,擅自将小车向南缓慢开动,继续作业。

C　间接原因

一是该炼钢厂钢产量大幅度增加后,产渣量也随之增加,作业环境条件发生了变化,作业现场狭窄。

二是该炼钢厂及水淬车间对职工的安全管理,包括安全教育、监督检查不到位,致使本次事故的当事人安全意识不高,作业过程中对危险源辨识不清,操作时安全确认不好。

三是水淬车间铲车司机贾某违反该炼钢厂《岗位安全预案预控卡》"天车翻重斗(罐)时,暂时脱离装车现场"的规定,在天车工长时间鸣铃示警的情况下,未及时撤离至安全区域,也是事故发生的原因之一。

[**案例11**] 氧气泄漏,致人烧伤死亡

A 事故经过

2006年4月11日23时20分,某钢铁公司转炉停炉检修结束后,该厂设备作业长指挥测试氧枪,不到2min的时间,约1685m³氧气从氧枪喷出后被吸入烟道排除,飘移近300m到达烟道风机处。23时30分,检修烟道风机的1名钳工衣服被溅上气焊火花,全身工作服迅速燃烧,配合该钳工作业的工人随即用灭火器向其身上喷洒干粉。火被扑灭后,将其拽出风机并送往医院。因大面积烧伤,经抢救无效,该钳工于12日2时50分死亡。

B 直接原因

标准状况下空气及氧气的密度分别为1.295g/L、1.429g/L。由于氧气的密度略大于空气的密度,所以,氧气团在微风气象条件下,不易与大气均匀混合,沿地面飘移300m后,使该钳工处于氧气团包围之中。

C 间接原因

处于氧气团的作业钳工的工作服属于可燃物质,遇到高温气焊火花点燃,即猛烈燃烧。

[**案例12**] 转炉爆炸,导致重大伤亡事故

A 事故经过

1986年11月7日16时25分,某钢铁公司六厂2号转炉发生爆炸,死亡6人,重伤3人,轻伤6人,造成全厂停产。11月7日,某公司2号转炉早班工人于15时14分出完超计划的第2炉钢(计划6炉钢)后,倒渣并清理炉口残钢,准备换炉。此时车间副主任兼冶炼工段长钟某指挥当班班长洪某用水管向炉内打水进行强迫冷却,以缩短换炉时间。16时中班工人接班。这时,钟段长指挥中班工人准备倒水接渣,并亲自操作摇炉倒水。当炉体中心线与水平夹角为30°时,炉内发生猛烈爆炸,汽浪把重约3.3t的炉帽连同重约0.95t的炉帽水箱冲掉,飞出约45m,打碎钢筋混凝土房柱,当场造成6人死亡。

B 直接原因

某公司钢研所根据对炉体的检查和取样分析认为,当时炉内约有280mm厚的残渣,体积约0.6m³,重约2t。在爆炸前残渣处于液体状态,当水进入炽热的炉内后,水被大量蒸发,液渣表面迅速冷凝成固体状。由于冷却时间短,渣表面以下部分仍处于液体状态,在进行摇炉倒水操作时,由于炉体大幅度倾斜,在自身重力作用下,炉内残渣发生颠覆,下部液渣翻出并覆在水上,以致液渣下部大量蒸汽无法排出,造成爆炸。

C 间接原因

该厂对职工的安全教育不到位,对事故的潜在危险性,缺乏足够的认识。

[**案例13**] 煤气喷出口水箱爆炸,造成重大伤亡事故

A 事故经过

1963年12月24日,某钢铁公司炼钢厂2号平炉于18日19时停煤气,进行小冷修。23日23时50分修砌结束,开始用木柴烤炉。24日8时进行通煤气前的设备和冷却系统检查,11时05分通入煤气烤炉,经过5h5min的烘烤后,于16时10分南北两个煤气喷出口水箱同时爆炸,将喷出口水箱的堵头及残片炸飞出3m多,砖块炸飞出16m,蒸汽和水喷洒平炉的前后,使在场的12人伤亡,其中3人死亡。

B 直接原因

设备设计上有缺陷。1963年9月,未经厂长和主管部门的批准,擅自决定将汽化冷却分离

器的排汽管由垂直型改为弯曲型,在更改后也未采取相应的安全技术措施,在2号平炉冷修后也没有进行全面检查,致使排汽管的末端弯曲部分积水结冰长达2.5 m。造成管道堵塞、汽路不通,但仍送煤气加温,结果因煤气喷出口水箱承受不了巨大的压力而发生爆炸。

C　间接原因

该厂对设备设计方面存在的缺陷认识不到位,没有采取切实可行的预防措施。

[案例14]　钢水喷炉,4死1重伤

A　事故经过

2009年1月16日23时,某铸钢有限公司夜班工人根据当日生产安排,开始通电熔化。17日3时40分,第1炉钢水熔化完毕,存放于3号保温炉中,接着熔化第2炉。熔化初期,在电炉底部已有部分钢水的情况下,本应根据工艺要求向炉内不断添加直径不大于250 mm的小块废钢,并用铁棍捣料作业。操作工为了达到降低劳动强度的目的,减少向炉内加料和捣料的次数,在当班车间主任李某的安排下,通过行车将未经切割加工的、不符合熔炼工艺规定要求的大块铸件冒口料(直径750 mm,高度600 mm,质量约2.5 t)吊至炉口旁,再由李某和炉前操作工纪某两人扶着吊入炉内进行熔化。因冒口截面尺寸及质量太大,熔化速度太慢,顶部结壳搭桥。李某安排行车司机从3号保温炉内取出约700 kg的钢水,由纪某配合倒入1号电炉内,以期用钢水化开顶部结壳。倒入钢水后,不但未能化开结壳,反而受顶部结壳的急冷很快凝固,使顶部结壳更厚,电炉继续加热,炉内钢水温度已达到1500℃以上,炉内气体不断受热膨胀,电炉内剧烈发生的气体无法排出,7时15分左右,发生钢水喷炉事故,因钢水喷溅灼烫造成4人死亡、1人重伤。

B　直接原因

1号电炉在熔炼第2炉钢水时,电炉内钢水熔化初期加入的铸件冒口料因其尺寸较大,熔化速度缓慢,顶部搭桥结壳捣不开,本应采取倾斜炉体用铁棍捣的办法解决,李某却违章指挥、违章作业,命人错误地向炉内倒入钢水。铸件冒口料顶部的钢水在炉膛内随即冷却成一体,不但未化开结壳,反而致使结壳更厚。铸件冒口料顶部存在补缩孔洞、夹杂,倒入的钢水将铸件冒口料上面的孔洞内气体、夹杂封闭住,使炉膛下部形成密闭容器。由于顶部钢水凝固结壳,铸件冒口料与炉墙成为一体不能下移,炉膛底部正在加热熔化,封闭在铸件冒口料下面的气体和夹杂燃烧产生的气体不能排出,造成高温加热过程中炉膛底部气体压力急剧增大,发生钢水喷炉。

C　间接原因

企业的管理原因:一是安全生产主体责任不落实,基础管理薄弱,技术水平低;二是安全生产管理制度和技术规范、操作规程不完善,工人不能正确地按照操作规程作业;三是在日常劳动组织方面没有按照国家法律、法规要求开展安全生产"三级"教育,致使职工安全意识淡薄;四是操作工人文化程度偏低,安全知识匮乏,操作技能与经验明显不足,违反工艺要求开展作业,缺乏处置生产过程中突发事件的能力;五是该公司未按照法律法规规定办理建设项目相关手续,严重违规建设施工,安全隐患未进行彻底整改,建设项目不具备安全生产条件,未经安全验收,就开工生产,导致事故发生。

政府及相关工作部门的监管原因:一是安全生产监管人员配备不足,管理制度不完善,职责分工不明确,对园区内企业安全检查不严格,监管力度不够,在招商引资过程中,没有正确认识和处理安全生产和经济社会发展的关系;二是没有严格执行安全生产的有关规定,对企业存在不具备安全生产条件的安全隐患未及时督促整改,该公司投入生产后,安监中队两次到该企业检查安全生产情况,发现该企业未建立安全生产责任制、规章制度,操作规程不完善,没有制定事故应急预案等方面的问题,虽重复下达了《责令改正指令书》,但没有抓好整改工作,直至事故发生企业的隐患也未能整改;三是安全生产投入、机构建设等工作抓得不实,安全生产监督管理工作不到位,使发生事故的企业建设项目投产前就存在安全隐患,导致事故的发生。

3.5.2.2 机械伤害事故案例

[**案例 1**] 场地不良,致人重伤

A 事故经过

1989 年 3 月 1 日 14 时 35 分,某厂炼钢车间供应工段修包班在炉前平台下南拆包区进行清渣作业。天车工齐某、拆包工荆某二人配合,齐某操作天车抓起整包废渣放在渣斗内,荆某挂抓斗张开的钢丝绳,挂完离开时脚被绊了一下,左手不自觉地扶到渣斗臂上。由于渣子松动,渣斗自动张开将荆某的左腕挤伤,造成开放性桡骨远端粉碎性骨折。

B 直接原因

场地积渣较多,现场环境不良。

C 间接原因

荆某作业时注意力不够集中,没有进行安全确认。

[**案例 2**] 操作失误,致人死亡

A 事故经过

1996 年 6 月,某厂 4 号板坯连铸机准备试拉钢,当班切割班长在完成准备工作并确认签字后,发现一切割区冲渣沟西侧钢板上有积渣,他未打招呼就下去清理。一名切割工站在串动辊道与铸机基础之间,也主动帮助搬渣块。这时,一切割操作工在未进行安全确认的情况下启动串动辊道,辊道东移将沟内清渣的切割工挤伤,该切割工送医院后死亡。

B 直接原因

一是班长违章,在准备工作完成后同切割工下到沟内清渣。

二是操作工违章,在未确认安全的情况下启动串动辊道。

C 间接原因

该厂对违章现象查处制止不力。

[**案例 3**] 管理不善,致人重伤

A 事故经过

1991 年 6 月,某厂炼钢车间 2 号电炉出完钢补炉,副炉长带领两名炉前工用镁砂补炉。三人上了镁砂斗,天车工用天车吊起斗子,自南向北向 2 号炉运行,接近 2 号炉时,镁砂斗下的支腿碰在两个垛起的空渣盆上并发生摇晃,使副炉长从斗上摔下坠落至地面上的渣盆中,造成 80% 烧伤。

B 直接原因

一是就电炉补炉作业而言,该厂现有的安全和技术操作规程无相应的详细规定。

二是对炼钢车间习惯运用的补炉方式,车间有关部门领导既未坚决制止,又未及时采取安全防护措施。

C 间接原因

天车小车无抱闸,天车工操作不准确。

[**案例 4**] 自我防护意识差,致己身亡

A 事故经过

2007 年 10 月 28 日 7 时 20 分左右,某车间车工刘某在该车间西南角的 C616 车床上加工调

整螺杆。9 时左右,在车间西北角 X53 铣床工作的赵某一回头,看见在车间西南角 C616 车床的操作者刘某趴在车床上,立即送医院确认已经死亡。

B 直接原因

因车工属单人操纵机床作业,事故发生时无目击者。经调查分析认为,车工刘某在 C616 车床加工调整螺杆,打光修磨毛刺时,自我防护意识不强,可能由于个人疏忽不小心,被旋转的工件绞缠住右臂衣袖,身体被带倒,头部撞及旋转的卡盘导致死亡。

C 间接原因

一是对职工安全教育不够、要求不严,督促检查不到位。

二是一些行之有效的制度如安全互保联保、劳动保护品穿戴等落实不到位。

[案例 5] 操作不规范,击伤自己右眼

A 事故经过

2004 年 2 月 6 日 19 时 45 分,某炼钢厂环保车间水甲班班长李某在净环泵房擦拭 $1D_1$ 泵卫生,当擦拭联轴器护罩时,因用力不当,碰到未固定的护罩,护罩接触到旋转的联轴器飞起,击伤其右眼。

B 直接原因

一是环保车间设备管理不到位,水泵联轴器防护罩未固定,未认识到其危害,未及时整改,容许了危险源的长期存在。

二是操作工李某安全意识不强,在知道防护罩未固定的情况下,本来可以通过合理停机、停泵来安全清理清扫设备,保证安全,但他却冒险作业,直接造成了护罩与联轴器的接触。

C 间接原因

一是环保车间对职工清扫在线设备卫生缺少必要的安全规定和具体要求,对这一作业过程可能发生的伤害未引起足够的重视,仅硬性规定了清理要求和考核。这纯属车间管理上的盲区。

二是该厂专业点检长期未涉及此处危险点,也属检查漏项。

[案例 6] 严重违章,引发责任事故

A 事故经过

2009 年 2 月 19 日 13 时 30 分,某炼钢厂原料运输车间 2 工段丙班皮带工孟某同本班工长费某到 4A 皮带运输机尾部清理落地料。当时由于皮带没有运转,两人在没有切断机头操作箱内急停开关和事故拉线开关的情况下进入皮带下方进行清理作业。当清理完靠近头轮方向的间隔后,费某在皮带外侧将清出的球团往运输皮带上装,孟某又进入靠近皮带尾轮的另一间隔继续清理。13 时 50 分,4A 皮带准备运转,操作工周某通过指令电话向现场喊话 3 次以后启动皮带。由于安装在 4A 皮带头部、中部和尾部的喊话器中的尾部喇叭损坏,加之二人正在集中精力作业,未听到主控室喊话,突然启动的皮带将孟某头部、右手挤在距尾轮 1.4 m 处的皮带与下托辊之间,孟某经抢救无效死亡。

B 直接原因

原料运输车间 2 工段丙班皮带工孟某违章操作,自我保护意识不强,在未将机头操作箱开关打到零位或将拉线开关断开的情况下,进入皮带下方进行清理作业,且未按规定佩戴安全帽,是造成本次事故的直接原因。

C 间接原因

一是原料运输车间 2 工段丙班工长费某安全意识不强,对作业现场环境危险源辨识不到位,在

危险区域作业未采取安全措施,带头违章作业,互相监护不到位,是造成本次事故发生的重要原因。

二是原料运输车间设备管理不到位。4A 皮带尾部喊话器喇叭长时间损坏没有及时发现并维修,致使操作工与主控室唯一的通信联系中断,导致操作工听不见皮带启动的喊话,是造成本次事故发生的又一原因。

三是安全管理有漏洞。原料运输车间领导和相关人员的安全生产责任制落实不到位,安全检查有死角,隐患排查和整改不及时,没有及时发现 4A 皮带尾部喊话器喇叭损坏,事故紧急开关没有拉绳,职工忽视规章制度和安全操作规程,个别作业人员未戴安全防护用品上岗操作。部分转岗人员转岗培训不到位,培训考试走过场,没有达到实际效果。

[案例 7]　不穿戴劳动保护用品,造成安全生产责任事故

A　事故经过

2009 年 3 月 20 日 14 时 30 分,某特殊钢有限责任公司炼钢部物理室试样加工组下午上班后,陈某(物理室试样加工组组长,张某的师傅)根据当天加工任务,安排张某(试样工)操作CA6140 普通车床,加工两个拉力试样。

张某按照组长的安排,立即开动车床加工试样。完成一个拉力试样的加工后,在加工另一个拉力试样时,感觉加工的难度较大,于是请师傅陈某到车床指导,张某站在陈某右面听其讲解。约 15 时 25 分左右,陈某使用锉刀(外缠砂布)抛光试样的坡度时,人体突然趴在车床上,张某立即关机,并报告副组长刘某,刘某立即报告物理室主任郭某,郭某立即通知 120,并通过电话向公司领导报告。120 急救车到现场后,医生发现陈某已死亡。

B　直接原因

物理室试样加工组试样工陈某,加工拉力试样时未按安全操作规程穿戴劳动保护用品,右手衣袖被旋转的拉力试样绞入,人往前倾斜,头与旋转的车床夹头撞击。

C　间接原因

炼钢部对职工遵章守纪教育不够,对职工违章现象检查、督促、纠正不力。

[案例 8]　操作天车不当,引发伤亡事故

A　事故经过

2009 年 11 月 17 日,某钢铁有限责任公司钢轧厂 4 车间丁作业班上中班,21 时 22 分,1 号粗轧机上辊断,作业长郑某组织岗位工处理 1～5 号轧机压料,岗位工陈某指吊主轧跨西天车吊住2 号轧机入口导卫,轧钢工王某进行拆卸,王某站在 2 号轧机入口北侧撬动导卫盒子,此时由轧钢工胡某操作主轧跨中天车(遥控天车)从 6 号与 7 号轧机间吊运插件自东向西运行,待天车到达 4 号轧机位置时,操作停止,但天车继续向西溜车滑行,撞击到西天车上,西天车向西移动将 2号轧机进口导卫带起,王某被挤在 1 号轧机传动轴东侧,胸、腹部被挤伤。现场人员立即拨打120 急救电话,并将王某抬往公司门口,救护车赶到后送市三院进行急救,11 月 18 日凌晨 1 时30 分,王某经医院抢救无效死亡。

B　直接原因

轧钢工胡某操作天车不当是造成本次事故发生的直接原因。

C　间接原因

一是现场劳动组织不合理。钢轧厂 4 车间在更换 2 号轧机进出口导卫时,未考虑到可能造成的天车碰撞,而同时安排使用两个天车进行作业,吊装现场也未安排安全监管人员监护。

二是特种作业人员无证上岗。钢轧厂部分起重机改为地面遥控操作后,只对起重作业人员进行内部培训后就上岗作业,未经有关部门办理特种作业操作资格证,致使部分作业人员不懂得安全操作规程,安全作业知识缺乏。

三是职工安全教育不够、安全监管不到位。钢轧厂对员工安全培训中存在的问题未及时进行纠正,对职工作业中存在的安全隐患监督检查不够,致使部分员工安全意识淡薄,违章作业。

[案例9] 启动设备前未进行相关安全确认,造成手指重伤

A　事故经过

2009年1月31日17时30分,某钢铁(集团)有限责任公司钢轧分厂,生产甲班进行粗轧机换辊作业时发现粗轧机出口清辊器故障。故障由粗轧机械点检员贾某组织检修公司人员处理,19时30分故障处理完毕,同时,贾某告知粗轧机主操作工刘某故障处理完毕可以推辊。推辊前由粗轧机副操作工王某、地面操作工李某、甲班值班长任某共同确认轧机周围及内部是否具备推辊条件。王某进入轧机内检查,李某站在支撑辊操作侧轴承座上确认工作辊轨道提升装置上是否有氧化铁皮,任某在旁边观察。在李某发现有氧化铁皮并动手开始清理的同时,刘某操作工作辊轨道液压提升装置,开始了轨道提升动作,任某发现后立即喊停但为时已晚,李某的左手已经被挤在轨道提升装置与机架之间。经医院确诊,事故造成李某左手食指近端第一节及中指近端第一节、第二节骨折,软组织严重挫伤,环指近端第一节骨裂。

B　直接原因

一是刘某违章操作和李某违章作业。

粗轧机主操作工刘某违反钢轧厂《职工安全确认制》第5.3.9条的规定,在启动设备前没有进行设备本体以及设备周围是否具备启机条件的安全确认;违反钢轧分厂《轧区危险源辨识及控制措施》第43条"推辊前轧机操作工必须确认轧机内是否有人"的规定;违反粗轧机主操作工《安全作业标准》第4条"推辊时轧机内不能有人"的规定;地面操作工李某违反本岗位《换辊作业安全操作规程》第5.2.1条"立辊、工作辊2m以内严禁人员停留"的规定。

二是钢轧分厂各级管理人员对安全管理制度、规程和标准的落实监督检查不到位,没有从以往事故中真正吸取教训。

该厂安全管理制度《职工安全确认制》、《安全作业标准》、《生产、点(巡)检、检修挂牌制度》和钢轧分厂的《换辊作业安全操作规程》中都有相关规定,而在现场的运行作业长、主操作工、副操作工对违章操作和无序作业没有及时制止。而且对具体作业过程中存在的主操作工组织协调问题以及作业行为方面存在的隐患未及时发现并有效杜绝,作业过程失控。

C　间接原因

一是《钢轧作业区粗轧台上主操作工安全作业标准》中没有对轧机内检查和清理氧化铁皮或其他杂物的作业活动制定详细的作业标准。标准制定不细、操作性不强。

二是安全互保不到位。没有达到《某钢(集团)公司班组安全管理标准》中"互相提醒、互相照顾、互相监督、互相保证"的安全管理要求。

三是关于设备上的氧化铁皮或其他杂物的清理方法,在相关作业文件中没有明确规定,导致各班组在具体作业时做法不统一、不规范。

[案例10] 缺乏安全意识,右小臂被截肢

A　事故经过

2009年3月12日21时,某钢铁公司钢轧厂线棒分厂于21时04分,线材生产线12架轧线材,3号台根据调度计划,发出指令:"干完3支钢后停机,更换12架轧机导卫",并于21时03分27秒发出停机指令。根据事先安排,二级作业长陈某、轧钢工甘某换12架出口导卫,主操作工蒋某、轧钢工郑某更换12架进口导卫。4人在3号台发出停机指令后,在轧机还处于自转的情况

下就上去准备操作。21 时 04 分郑某走到轧机旁不慎一脚踏空,身体前倾,双手本能地往前一趴,寻找支撑点,不慎右手臂被尚处于自转状态的轧机绞入,郑某连忙呼叫,经过现场工友 20 min 多的施救,将郑某的右手臂从轧机内抽出,及时护送到市中心医院救治,由于伤情严重,郑某的右小臂被截肢。

B 直接原因

郑某在轧机未完全停稳仍处于自转的状态下,就走到轧机旁准备作业,并且行走时注意力不集中,一脚踏空,导致右手被轧机绞入。

C 间接原因

线材轧钢作业区安全管理不到位,对例检过程中轧机的危险源辨识不到位;线棒分厂对职工安全教育不严,对违章作业现象制止不力,负有管理责任。

[**案例 11**] 违章异侧加油,造成右上肢被碾压、完全损毁伤

A 事故经过

2009 年 8 月 8 日,某钢铁集团有限公司钢轧厂精整车间丙作业区,纵切丙班上中班(上班时间 8 月 8 日 17 时~9 日 1 时),16 时 45 分该班在现场原车间办公楼下重卷/纵切交接班室集中重卷、纵切机组两个作业小组召开班前会,由丙班代班长尹某(当班班长安某休假)主持,当班应到人数 6 人,实到人数 5 人(安某休假未能参加班前会),班前会对当班工作任务进行了分配,开展了标准化固化卡、KYT 活动,并提出了相关作业安全环保要求。

21 时 30 分左右,钢轧厂精整车间丙作业区精整工尹某在纵切机组区域作业,在生产完规格 1.2 mm×1000 mm×L 后,换规格为 1.6 mm×1000 mm×L 进行生产。此时,该机组卷取工杨某提出上厕所,于是尹某叫重卷机组主控工付某到纵切机组代杨某生产操作。当尹某、付某对生产规格为 1.6 mm×1000 mm×L 的带钢完成穿带作业后,尹某在主控台启动了机组开始运行,付某就到机组尾部卷取进行打捆作业。21 时 35 分左右,尹某从主控台走向圆盘剪,右手戴着手套、拿着加油装置,准备对近端圆盘剪刀进行加油。当右手举起加油装置向外伸出时,因右脚踩在圆盘剪锁紧装置旁地面,未踩稳,身体失去重心,滑倒向运行中的带钢,尹某立即用左手抓住圆盘剪立柱坊,大声呼喊"停机"。此时,正在尾部进行打捆作业的付某(当时其位置为背向尹某,距纵切机组圆盘剪为 17 m)与正在纵切机组质检台旁和王某进行业务交流的生技科质检员蒋某听到呼救声同时迅速跑向主控台,付某迅速按下停机按钮,随即质检员蒋某按下机组急停按钮。机组停运后,检查发现尹某右手卡在运行中的圆盘剪操作侧第一剪刃和带钢胶圈之间。经现场处置急救并送医院进行救治后,确诊为右上肢碾压、完全损毁伤(已截肢),构成重伤事故。

B 直接原因

精整车间操作工尹某(代班长)在纵切机组运行过程中对圆盘剪剪刀加油,违反《精整车间生产过程安全环保补充规定》第七款"操作人员严禁在机组运行过程中给圆盘剪刀进行润滑加油,严禁异侧加油,停机加油前应预先检查圆盘剪外地面防滑胶皮是否正常"之规定,违章作业是造成此次事故的直接原因。

C 间接原因

一是纵切机组圆盘剪区域,地面因人工加油作业存在较多油污,导致地面油滑,同时没有做好及时清理,采取的防滑措施也执行不力,致使尹某在作业时滑倒,这是造成此次事故的重要原因。

二是纵切机组上有高速运行的带钢、运转的托辊、圆盘剪刀等转动、传动机械与部位,而在作业人员紧靠机组频繁活动区域缺乏相应的安全屏护设施,没有从设备本质安全上规避人机危险

接触,安全设施不完善是造成此次事故的次要原因。

三是精整车间没有针对此类加油简单作业认真辨识危险因素,并从作业本质安全角度为职工设计安全的作业流程或创造安全的作业条件,且在中夜班时段疏于对职工现场作业遵章守制的执行检查、监督,未能及时发现并有效纠正这种违章行为,车间安全管理不精细、监督检查不力,是造成此次事故的重要管理原因。

四是班组针对不停机状态下给圆盘剪剪刀加油此种习惯性违章行为在日常没有实施管理纠偏、查处,尹某身为代班长兼班组安全员甚至带头违章,事故当班针对当班工作任务开展的"KYT"活动也流于形式,班组安全基础管理工作薄弱,是造成此次事故的另一管理原因。

[**案例 12**]　盲目作业,造成事故

A　事故经过

2009 年 8 月 28 日,某钢铁股份有限公司第二钢轧总厂棒材机械点检作业区安排转毂检修,工作内容为:手动打甘油、疏通轴承座、更换堵塞的软管,时间从 8 时 30 分开始至 16 时 30 分结束,共 8 h。因转毂甘油管堵塞较多,只有一部甘油小车进行加油,当天没有按工单内容完成转毂检修。二钢轧总厂棒材点检员随后安排 8 月 30 日待料停机时,利用 4 h 时间,继续检修。

8 月 30 日上午 8 时左右,作业区王某班组继续对棒材转毂未完成的检修项目进行检修,班长王某安排管工孙某等人对转毂甘油管堵塞情况进行检查,王某带领其他 5 人用撬棍盘动转毂(长度约 90 m)来拆卸转毂导槽,有时向上,有时向下盘动。10 时 20 分左右,当孙某等人检查加油到 31 号转毂时,孙某在拆卸软管作业中,左手搭在冷却水管上,右手用力作业时,左手滑到盘动中的转毂导槽上,造成孙某中指第二节、无名指第二节、小指远节断离。

B　直接原因

孙某思想疏忽,自我保护意识差,明知检查和处理甘油管过程中要盘动转毂,未经确认转毂是否盘动,就盲目作业。

C　间接原因

一是作业区安全管理不力。作业班长未对作业现场进行检查确认是否有人在作业指挥盘动转毂,安全互保不到位。

二是作业区、班组对职工安全教育不够,职工自我防护意识淡薄。

三是钢轧维检二车间对作业区安全管理不力,现场监护不到位。

[**案例 13**]　违规操作,造成人员伤害

A　事故经过

2009 年 10 月 5 日 14 时 10 分,某钢铁公司第二钢轧总厂型材二分厂精整作业区乙 3 班职工兰某、戴某,在冷锯口南边吊切头坑盖板,准备挖氧化铁皮。兰某挂盖板南边挂耳,戴某挂盖板北边挂耳。行车工汪某点动卷扬,吊盖板的钢丝绳绷紧后,两人下了盖板,兰某下到盖板和南边的一个装氧化铁皮的大桶之间。行车工再次点动卷扬,盖板升起 10 cm 左右,盖板自身发生摆动,兰某避让不及,盖板一角将其左小腿挤在大桶上,造成伤害。经医院检查,左小腿胫腓骨上段骨折。

B　直接原因

兰某站位不当,站在盖板和大桶之间,没有退路,是造成这起事故的直接原因,负主要责任。

C　间接原因

一是行车工汪某观察不细,考虑不周,忽视了兰某站位不安全,对盖板可能出现转动缺乏预见,是造成这起事故的间接原因,负次要责任;

二是精整作业区乙班班长、型二运行作业区乙班班长，监护不力，是事故发生的间接原因，对事故负有一定责任；

三是精整作业区乙班作业长，对作业存在的危险因素交代不细，监管不力，是事故发生的间接原因，对事故负有直接管理责任；

四是精整作业区白班作业长、运行作业区作业长，监管不力，是事故发生的间接原因，对事故负有管理责任；

五是型材二分厂对吊切头坑盖板作业存在的危险因素，未做到有效控制，是事故发生的间接原因，负有管理责任。

[案例14]　违反操作规程，右手被送料螺旋绞住

A　事故经过

2009 年 12 月 25 日，某钢铁研究院有限公司中试线建设指挥部组织对在建的高品质富钛料中试线进行热负荷投料试车，该院钛研究所职工叶某、金某，以及炼钢厂杜某，负责 LSY 螺旋送料机运行情况的观察工作（螺旋送料机位于该试验线西头第六平台）。上午 10 时 20 分左右叶某发现螺旋送料机的进料管堵料处理孔向外冒蒸汽，便通知中控室增大除尘风机抽风量，风量增大后螺旋送料机进料管堵料处理孔冒蒸汽的现象消失，但叶某却发现螺旋送料机进料管的堵料处理孔往外滴水，于是叶某走上观察平台，将右手伸入螺旋送料机进料管的堵料处理孔内进行检查，突然叶某感到右手被送料螺旋绞住，叶某因疼痛大叫一声，本能地将被绞伤的右手奋力拽出。在旁边的杜某迅速扶着叶某撤离第六平台现场，用对讲机通知院中试线建设指挥部，经现场紧急包扎后于 10 时 35 分叶某被送往医院救治。同时，院中试线建设指挥部立即组织人员拆解螺旋输送管寻找断指，11 时 30 分左右找到叶某离断的手指并马上送往医院，医院对叶某进行了及时有效救治。医院诊断为：右手第 2～5 指绞轧伤，2～4 指损毁伤，右手小指开放粉碎骨折、骨缺损、伸肌腱损伤。

B　直接原因

违章作业是此次事故的直接原因。叶某违反机械操作基本安全要求"机械设备在运转时，严禁用手调整，也不得用手测量零件或进行润滑、清扫杂物等，如必须进行时，则应关停机械设备之后进行"之规定，在未停机的情况下，将手伸入堵料处理孔进行检查。

C　间接原因

一是安全互保联保没落实，金某没有及时发现和制止叶某的违章行为，未达到安全互保目的；

二是中试线富钛料项目部对热负荷试车过程中可能出现的意外情况认识不全面，试验线热负荷试车方案中的相关安全应急处置措施不完善。

3.5.2.3　起重伤害事故案例

[案例1]　包盖缺陷，滑落砸伤

A　事故经过

1991 年 3 月 19 日零时左右，某炼钢厂板坯车间大包工党某等 3 人，利用天车把中间包包盖吊到坐好的中间包上。在就位过程中，整个包盖（重约 1t）滑下。党某躲避不及，左脚腕处被砸伤骨折造成重伤。

B　直接原因

包盖原 4 只吊耳仅余 3 只，其中的 1 只绳槽处沾有余钢，且包盖体沾有钢渣，重量分布不均。

由于存在上述缺陷,起吊时对角挂了两只吊耳,因重量不平衡,吊起后包盖倾斜,又因其中挂绳的一只吊耳沾有余钢绳槽变浅,故在包盖就位时钢丝绳脱出,包盖滑落。

C　间接原因

一是大包工违章使用有缺陷的设备;

二是车间设备点检制度不落实。

[**案例 2**]　操作失误,致人死亡

A　事故经过

1993 年 12 月,某炼钢厂一名天车工,操纵副跨 5 号天车由西向东开动,同时提升小钩。当开至小板坯 2 号连铸机中间包上方时,小钩钢丝绳因过卷被拉断,钩头坠落砸伤正在下方作业的一名浇钢工,该浇钢工送医院后死亡。

B　直接原因

一是天车工酒后上岗,开车前未检查试验限位并操作失误。

二是小钩过卷限位不起作用。

C　间接原因

该厂管理不善,天车工酒后上岗无人能制止,天车限位问题未及时发现和处理,对违章行为查处不力。

[**案例 3**]　冒险作业,挤伤手指

A　事故经过

1994 年 4 月,某炼钢厂方坯车间两名修包工进行翻包作业。在天车配合下,他们将第一个中间包吊到翻包区倒出钢渣后,因包壁粘钢需吊到放包区切割清理。天车吊着中间包到达放包区上方时,钢包仍在晃动。一名修包工便站在柱子旁边,倚着柱子用右手抓钢包的一个吊耳。因钢包晃动吊耳碰到柱子上将其右手挤伤,三个手指骨折。

B　直接原因

伤者冒险作业,在钢包仍然晃动时用手去扶。

C　间接原因

该厂对职工的安全教育不到位,职工的安全意识不高。

[**案例 4**]　违章作业,造成重伤

A　事故经过

1996 年 12 月,某炼钢厂精整车间甲班工长安排天车工操作 4 号天车,把厂房东头地上的 3 块 10 m 大板坯靠南侧摆齐以便切割。7 时 50 分左右,天车工在摆放第 3 块时发现天车大钩不起,即停车到车顶检查。因未查出故障,打算找维修工处理。此时他看到只要稍微动一下车第三块钢坯就可摆好,便回到操作室,先向下看是否有人。这时工长恰好站在南侧第二、三两块钢坯之间计算切割长度,处于天车观察死角。天车工动车使第三块钢坯的北头从第二块上滑下,南头西移与第二块并齐,工长躲闪不及被挤伤右小腿,自中部以下截肢。

B　直接原因

一是天车工违章,未与地面人员联系好动车,动车前未鸣铃。

二是工长警惕性差,在知道天车发生故障且尚未排除的情况下,仍然站在两块距离很近的钢坯之间。

C　间接原因

该厂及二精整车间对违章现象查处不力。

[案例 5] 确认不良,造成重伤

A 事故经过

2001 年 10 月,某炼钢厂精整车间成品乙班挂吊工,在天车配合下向火车厢内吊装钢板。16 时 50 分左右,当第二吊钢板装入车厢后,已在车厢内的一名挂吊工将吊钢板的吊钩摘离。摘掉西侧及中间的两只钩子后,发现东侧的两只被钢板下边垫的草把挤住无法摘出,他便指挥天车起升以便移动草把位置。当天车起升约 15 cm 时,北边的一只吊钩脱出并引起吊架整体向南移动,悬挂在吊架下面的磁砣将这名挂吊工的左大腿挤伤。在治疗过程中造成左大腿中下 1/3 截肢。

B 直接原因

伤者未确认挤住的吊钩是否挂牢就指挥天车起吊,而其余作业人员也未履行安全互保联保的义务。

C 间接原因

该厂及精整车间对规章制度的落实督促检查不够。

[案例 6] 操作失误,致人死伤

A 事故经过

1992 年 5 月,某分厂炼钢车间化铁工段一名天车工,操作 1 号 50t 天车由西向东到修罐区上方准备吊罐。到位后,下落主钩的同时使副钩上升以便工作。由于他的注意力集中在下落的主钩上,忘记了副钩也在上升,也由于该天车的主接触器用砖块塞住而使副钩超卷限位失灵,致使副钩过卷并拉断钢丝绳后从 12 m 高处坠下,把下方正在挂钩的一名修罐工砸死。

B 直接原因

一是天车工操作不精心,没有关注上升的副钩,以至于超卷拉断钢丝绳。

二是该天车存在隐患,在主接触器塞砖块,人为使超卷限位失灵。

C 间接原因

一是车间安排未经正式培训的天车工独立顶岗。

二是交接班制度和设备点检制度未落实。

[案例 7] 指挥不当,渣斗碰伤地面人员

A 事故经过

2002 年 2 月 8 日中班 16 时 30 分,某钢厂生产准备车间转渣盆工张某,指挥副跨 3 号天车工周某落龙门钩,挂吊具进行转包作业,主钩挂好吊具后,张某指挥吊挂重渣盆,天车工周某将重渣盆吊放在 1 号炉过渡平车的南边,张某又指挥吊挂平车上北侧的空渣盆,天车工在指挥下向北打小车,张某先挂渣盆西侧耳轴,后挂东侧耳轴时西侧耳轴的绳套已脱落,反复几次,这时装包工帮助将西侧耳轴绳套挂好,天车工周某就鸣铃点动主钩上升,此时张某发现东侧耳轴钢丝绳脱落,又上平车挂东侧耳轴,主钩上升中造成渣斗受力不平衡,在绳子未全拉紧时渣斗移动碰到张某,将张某挤到平车南端重斗上,造成张某左胸三条肋骨骨折。

B 直接原因

一是生产准备车间转渣盆工张某及装包工在指挥天车过程中,指挥不规范,未使用哨音,信号不规范不清晰。

二是张某未穿挂吊工警示服,给天车工的观察造成一定困难;作业方式不正确,没有挂好钢丝绳离开被吊物后再指挥天车起吊。

三是天车工在信号不明、不准确的情况下未进行安全确认,且在地面人员违章作业的情况下起吊,也是事故发生的重要原因。

C　间接原因

作业条件不良,渣盆耳轴较短,平车高度较高。同时张某个头矮小,又无专用工具,作业过程中存在一定困难。

[**案例8**]　违规在行车轨道上行走,引发伤亡事故

A　事故经过

2009年1月11日10时50分,某钢股份公司炼钢厂精整二车间精整工陈某、杨某,在精整二车间一线料场配合50号龙门行车先将平车上的废钢坯(钢号Q235,共22支)卸到21号行位后,行车工程某操作49号10t龙门行车将22支废钢坯从21号行位吊到30号行位堆垛,陈某、杨某在21号行位共同挂第一挂废钢坯链条后,陈某随49号龙门行车到30号行位取链条。之后,杨某在21号行位挂链条,陈某在30号行位取链条,行车工程某在吊第五挂(最后一挂)废钢坯到30号行位时,看见精整工陈某没有在30号行位,便打铃提示,仍未看见陈某,就操作行车小车取链条,程某停车从操作室下来准备到班组吃午饭,在经过料场行车东侧轨道时,看见有人被挤在龙门行车大车内侧护板与料场水泥端面坡坎(坡坎距护板330mm)之间,旁边有一顶白色安全帽,便意识到发生了事故,就立即到班组报告班长,班长和班组其他职工到现场,看见陈某已死亡,便报告厂调度室。

B　直接原因

精整二车间精整工陈某违规在行车轨道上行走、停留,被运行的龙门行车大车内侧护板挂倒挤压死亡。

C　间接原因

该炼钢厂对职工遵章守纪教育不够,对本单位违章现象检查、督促、纠正不力。

[**案例9**]　天车空中相撞,造成一人死亡

A　事故经过

2009年2月21日,钢轧厂2250生产线精整作业区丙班上夜班。按照分工,天车工傅某、王某分别驾驶2号库南部23号天车、北部24号天车准备装路车作业,指吊工郑某负责指挥23号天车,张某负责指挥24号天车。

1时10分,2号库2号铁路线东道进一列5节的敞车。王某驾驶24号天车从北面装北部两节敞车。傅某驾驶23号天车从南面装南部两节敞车。2时10分,23号、24号天车工分别装完南、北各两节敞车后,准备装中间一节敞车。

2时20分,23号天车从136排吊起一钢卷,24号天车从137排吊起一钢卷(宽1945mm,卷重30.16t),向南运行到打捆台打包,准备装车。

2时35分,24号天车吊着钢卷,在张某指挥下放到中间一节敞车内北部已设置好的垛位,在钢卷下降到距离垛位200mm后,张某用卷尺测量钢卷东西两侧距车帮的距离。测完南部两侧距离后,又去测量北部两侧距离。测量过程中,天车工傅某驾驶吊运钢卷的23号天车由南向北行驶碰撞到24号天车,导致24号天车悬吊的钢卷向北移动,将吊运工张某挤在车厢北端车帮与钢卷之间,造成胸部、腹部受伤。

事故发生后,当班人员立即拨打急救电话,将张某送医院抢救。因伤势严重,抢救无效,张某于当日4时死亡。

B　直接原因

23号天车工傅某违反钢轧厂《2250生产线精整作业区天车安全操作规程》中"在同一轨道上,数台天车同时行驶时,必须保持两车安全距离"的规定,在23号天车由南向北行驶并接近24

号天车时未及时停车,致使 23 号天车撞击 24 号天车后将 24 号天车吊运的钢卷移位,吊运工被挤压到车皮内侧。

C 间接原因

一是针对"敞车装车作业时测量钢卷两边距离可能造成吊运工挤伤"的危险因素,没有及时采取有效措施,也没有针对性地完善岗位作业标准。

二是钢轧厂对作业区、作业区对班组安全管理工作监督检查不严格、不细致,逐级安全生产责任制落实不到位,标准不完善、执行不严格等问题未得到及时整改。

[案例 10] 盲目指挥天车起吊,造成吊具脱落

A 事故经过

2009 年 6 月 4 日 5 时 35 分,某钢铁集团有限责任公司一炼钢厂 2 号矩形坯大包工张某指挥 26 号天车在副钩上挂上有三根链子钩的专用吊具,准备吊换 2 号矩形坯大包坐架西侧的废物渣盘,张某站在渣盘北侧挂一个钩,2 号矩形坯(乙班)工长李某站在渣盘南侧挂另外两个钩。渣盘挂好后,李某指挥天车起吊,吊具刚一拉紧,挂在天车副钩上的吊具突然脱落,将李某头部砸伤,后经医院抢救无效于 6 时 30 分左右死亡。

B 直接原因

工长李某违反《一钢安全操作规程》中关于"吊放中间包、结晶器、结晶器盖板、中间包盖和渣盘等,必须先认真检查吊具是否牢固可靠,在确认挂稳、挂牢后方可指挥天车起吊"的规定,在没有确认吊具是否挂牢的情况下盲目指挥天车起吊,造成吊具脱落,将本人头部砸伤致死。

C 间接原因

一是一炼钢厂张某指挥往天车副钩上挂吊具时,既未确认,天车起吊时又未提醒,联保互保不到位,是造成此次事故的重要原因。

二是一炼钢厂天车工违反《一钢安全操作规程》中关于"挂不牢、光线暗、看不清不得起吊"的规定。

三是一钢厂、矩形坯车间两级领导,安全管理不到位,安全教育不到位,安全检查不到位。

[案例 11] 起重工操作指挥不当,引发设备高空坠落

A 事故经过

2009 年 3 月 23 日 10 时 40 分左右,某钢铁公司基建分公司,在炼钢 1 号转运站 36m 标高处,倒运皮带机下料三通设备(重约 2.8t),采用 3T 手拉葫芦单绳扣斜拉平移至吊装孔边沿处,起重工王某指挥班组配合人员,拆除吊装孔临时保护棚(钢跳板共 5 块),以防设备下吊碍事。当保护棚拆除后,起重工王某继续指挥配合人员周某利用葫芦水平斜拉设备,配合人员周某刚拉少许,设备就脱离吊装孔边沿处,设备因受斜拉力及滑动重心力牵引,猛力斜向标高 30m 吊装孔水平方向并向对面大梁撞击过去,与此同时,吊装设备的 $\phi16mm$ 钢丝绳当即断裂,致使设备自由落下,撞击穿 30m 吊装孔临时保护棚(钢跳板)继续下落,当撞击穿 24m 吊装孔临时保护棚(钢跳板)再次继续下落时,将在 24m 吊装孔边沿作业的电工许某砸成左肋骨、盆骨骨折。

B 直接原因

起重工操作指挥不当,歪拉斜吊,造成设备重心偏移,外加吊装钢丝绳无保护措施,致使钢丝绳折断,引发设备高空坠落。

C 间接原因

一是高处交叉作业,施工组织不合理,未指派专人对低层作业做监护确认,是导致此次事故的主要间接原因。

二是该处施工为超高处的难度较大的吊装作业,作业前未编制专项安全措施方案,现场管理人员未在施工现场,是导致此次事故发生的重要间接原因。

[**案例 12**]　安全意识淡薄,引发安全事故

A　事故经过

2009 年 3 月 30 日,某钢轧厂丙作业班加热组上料工谭某负责加热炉上料。3 时 50 分左右,其指挥天车工张某操作坯料库 2 号天车从 C14 号垛位吊运一块宽 3.1 m、长 2.15 m 的短坯进行转运(此工作必须先挂单钩并将夹钳旋转 90°,即天车吊钩的开口方向与夹钳吊耳的开口方向错位 90°,如夹钳未落到位,落钩时极易造成吊钩与吊耳松脱,要重新挂钩必须由专人协助才能挂正)。4 时左右,当 2 号天车将坯料放至过跨平板车上且准备松开夹钳时,夹钳却出现机械卡阻,夹钳开闭器的触头轴没有落到位,造成天车钩头从夹钳吊耳脱出并晃动一会儿后停止。此时,谭某发现天车脱钩,于是爬上平板车(高约 1 m),左手扶住夹钳钳臂,准备攀爬钳臂(后据现场测量,如要人工直接扶钩完成挂钩工作,需站立在高度为 1300 mm 的钳臂上才能完成。此时由于夹钳出现卡阻,钳臂没有完全落下),当谭某手扶钳臂时,夹钳钳臂受自身重力影响突然下落,将其左手夹住,只听得谭某大声叫喊"唉哟"。在不远处的陈某、李某听到谭某发出的叫喊声后立即朝平板车处赶来,随即发现谭某的左手被夹钳钳臂夹住,并由陈某立即告知班长欧某。赶往事故现场的欧某随即与李某一道爬上平板车并将天车钩头挂好,指挥天车点动将夹钳钳臂缓慢升起,将谭某的左手从夹钳钳臂拉出,同时告知当班作业长朱某及厂有关人员。随后,众人将谭某送往医院抢救治疗。经医生诊断,谭某的左手食指、中指、无名指和小指严重受损,需截去,属重伤事故。

B　直接原因

上料工谭某(伤者)安全意识淡薄,在平时已知夹钳时常存在卡阻的情况下,忽视安全,安全确认不够,攀爬不安全位置,操作方法不当,存在蛮干行为。

C　间接原因

一是 12 号夹钳开闭器导向轴磨损严重,导向套破裂,连杆之间磨损严重且变形,存在卡阻,存在隐患,夹钳带"病"工作,致使员工处在危险的状态下进行作业。

二是天车工张某安全意识差,且明知天车脱钩,夹钳钳臂未下落到位,安全监护不够,未及时提醒和阻止谭某进行作业。

三是钢轧厂及下属有关部门未能严格贯彻"严、实、细、全"、"谁主管,谁负责"、"管生产必须管安全"以及"职能(专业)管理与安全管理同步"的安全生产管理原则,安全工作开展得不具体、不细致、不深入,安全管理存在漏洞和死角。

[**案例 13**]　吊装方案考虑不充分,导致重伤事故发生

A　事故经过

2009 年 4 月 20 日下午 17 时 20 分,某钢铁集团炼钢厂修建车间机械项目组在 2 号转炉年修工程中,用 50 t 汽车吊配合安装 2 号转炉烟道阀门。吊车沿东西方向摆放,对南侧的烟道阀进行吊装。当吊装到离安装位置 1.5 m 时,因烟道阀变径管阻碍,阀门需转向。架工张某指挥吊车停车后,职工黄某与同班组职工宋某用手扶住阀门转向。此时,汽车吊西侧两支撑翘起,向南侧倾斜,司机见状操作吊车快速往下放阀门,阀门产生摆动,黄某所站位置躲避不开,被摆动的阀门挤在与平台的栏杆之间。修建车间机械项目组立即将其送往职工总医院救治,初步诊断为左 3 右 5 肋骨骨折、左锁骨骨折、下颌骨多发骨折、颅底骨折、双下肺挫伤、脑挫伤。

B　直接原因

一是吊装方案考虑不充分,未根据重物的质量、形状及大小选择合适的吊车。

二是因场地限制,吊车的右前支撑未完全伸出受力,司机在吊物超负荷时未告知指吊人员而冒险作业,导致吊车失去平衡侧倾,司机见状便采用快速落钩的不当方法,致使阀门失控向前移位。

C 间接原因

一是对吊车司机教育培训不够,这是导致事故发生的主要间接原因。

二是修建车间机械组现场管理人员对危险作业方式监控不力,这是导致事故发生的重要间接原因。

三是黄某作业时站位不当,这是事故发生的另一间接原因。

[**案例14**] 违规无证作业,引发伤亡事故

A 事故经过

2009年7月24日上午7时50分,某钢轧股份公司冷轧厂天车作业区丙班天车工韩某接班后,按规定对宽幅精整作业区3号横切区域AB跨3号天车进行检查、试车。8时,在包装作业区丁班包装工李某(班长)的指挥下,开始6个钢卷的吊运作业。8时20分,第4个钢卷由包装区吊运到成品区,包装工李某指挥天车将该钢卷放到相应位置后,吹哨指挥天车司机通过操作向西移动小车,将C形钩(长2.5m,高1.9m,厚0.26m,重约4t)从钢卷中退出。由于C形钩下降不到位,退出不畅,退出约1/3时卡住不动,这时天车小车继续向西移动,C形钩突然全部退出,并向李某所在方向摆动,将李某挤在C形钩与另一个钢卷之间,李某大喊"救命",同时倒在地上。现场人员发现后,立即拨打医院急救电话联系救治。后经医院诊断,李某盆骨骨折。

B 直接原因

C形钩从钢卷中退出后,向包装工所在方向摆动,将包装工挤在C形钩与另一个钢卷之间。

C 间接原因

一是包装工无证从事指吊作业,且违反岗位安全操作规程"吊运钢卷时,人员必须站在C形钩侧面,严禁站在C形钩正面退钩"之规定,退钩过程中站在C形钩对面。

二是天车工违反岗位安全操作规程"地面人员站位不安全时,不得开动天车"之规定,在C形钩对面有人的情况下,开动天车小车进行退钩。

三是作业区域空间狭窄,在没有安全通道的情况下,物料之间的人行过道不符合国家标准;现有安全操作规程和作业标准不完善,对于在空间狭窄的作业区域应注意哪些安全事项、退钩不畅时如何处理等没有明确规定。

四是日常安全监督检查不严格、不细致,逐级安全生产责任制落实不到位。

五是协办单位与生产单位日常安全管理工作协调不够,不能针对事故隐患、违章违制等问题及时沟通、共同研究解决方案。

3.5.2.4 物体打击事故案例

[**案例1**] 思想麻痹,终生遗憾

A 事故经过

1988年12月,某炼钢厂连铸车间板坯2号机因裂纹漏钢,铸坯冷却在6m弧内。车间主任与技术员同一名老工人共同处理事故。15时左右,老工人用割炬切割矫直辊后弧形钢坯,凭经验将钢坯留了约2cm连着,然后站起来准备到拉矫机外继续处理。就在这时,连着的两段钢坯突然断开,矫直辊前约3.5m长的弧形铸坯前端落下后端弹起将老工人左腿挤伤,胫腓骨骨折。

B　直接原因

老工人切割铸坯时所留余量太小,且思想麻痹,未确认是否安全。

C　间接原因

该厂对处理此类事故应遵循的工作程序及注意事项无明确规定,管理上存在不足。

[案例2]　站位不当,造成伤害

A　事故经过

1989年11月,某炼钢厂精整车间主任在现场看到一名工人正在冷床上排除堵钢,便上去一道处理。处理完毕下来时,剪后工作辊道上输送的一短尺红钢顶着一支冷钢撞在主任的左腿上,造成胫腓骨骨折。

B　直接原因

主任撬钢时选择的站位不当。

C　间接原因

该厂对改轧短尺寸钢材以来冷床经常出现的堵钢、跑钢等现象重视不够,没有及时解决或加强防护。

[案例3]　止轮不力,造成伤害

A　事故经过

1991年6月,某部车站值班员在炼钢四股查看铁水罐车的作业进度。此时正值对好停车位置的第二位铁水罐车吊起翻罐,他发现铁水罐台车在震动一下后止轮器被挤出,随后溜车,急忙同在场人员找东西再次实施制动。在此过程中,挂罐的天车钢丝绳脱出崩起打在他的左腿上,造成胫腓骨骨折。

B　直接原因

铁水罐车止轮措施不力。

C　间接原因

当班天车工对溜车这一紧急情况处理不当。

[案例4]　多种原因,铸成重伤

A　事故经过

1992年9月,某炼钢厂连铸5号天车天车工准备吊运切割备件,开车前把吊钩上挂吊坯夹钳放在一垛铸坯上。最上面的一块铸坯已经切割但尚未切断,由于夹钳下落时震动,铸坯从切割处断落,把一名正在此处的女学员右脚砸伤,脚趾截肢。

B　直接原因

天车工违章作业,落放吊物前确认不够。

C　间接原因

一是该学员不应在坯垛附近活动。

二是现场积坯较多,垛坯堆放不规则,不牢固。

[案例5]　炉渣飞出,致人重伤

A　事故经过

1995年1月,某钢厂3号转炉炉口漏水,修炉人员待命更换炉口。由于2号炉炉口漏水将炉帽上的钢渣浸湿,湿渣掉到炉下熔渣盆内造成爆炸,迸起的2号炉炉帽上的钢渣将在3号炉操作室门口待命的一名修炉工击伤,使其右小腿和左锁骨骨折。

B 直接原因

该厂对炉口漏水处理不及时,对此潜在风险认识不足。

C 间接原因

对炉口积渣清理不及时。

[案例6] 方法不当,造成重伤

A 事故经过

2001年5月,某钢厂在上料过程中,操作工不慎使一支120mm方坯从上料辊道北端滑下,一端落地,另一端靠在辊子上,直接影响推钢上料。班长安排一名挂吊工前去处理,当他用翻钢专用扳手由西向东翻动这支钢坯时,钢坯突然滑落将其左足砸伤,五个脚趾骨折。

B 直接原因

一是滑落的钢坯应用天车吊到辊道上,伤者的处理方法不当。

二是伤者作业时未穿劳保皮鞋,违章作业。

C 间接原因

该厂及车间安全管理力度不够,尤其是劳保防护措施不到位。

[案例7] 操作失误,击伤他人

A 事故经过

5月4日中班(丙班)19时30分,某钢厂炼钢车间D1号转炉摇炉工侯某在吹炼过程中发现在用左枪异音,即通知调度室,要求值班钳工检查。值班钳工李某、闫某接指令后到1号炉主控室与侯某联系,并要求将左枪移出系统检查。李某、闫某二人即去氧枪处检查,侯某与一操作工去移枪。换枪后用右枪吹炼至终点,出钢后在第二炉终点点吹时开错氧,使移出的左枪供气,已打开的左枪快速接头将正在准备更换接头短管的钳工李某额头击伤。

B 直接原因

一是摇炉工侯某在左枪换出后,未将左枪氧开关打在"禁止"上,一直处于手动状态,点吹时将左右枪键盘氧开关弄混,误按了左枪开关"3",打开了线外左枪气路,致使移出的左枪供气,使已打开的快速接头的短节甩起,击伤钳工李某。

二是在此次换枪检修过程中,炉前工与钳工联系确认不够,存在多处漏洞。摇炉工侯某在左枪移出后,去氧枪处查看,此时钳工与主控室临时替换的摇炉工联系,侯某回主控室后未与替班人员交接钳工的工作情况,对当时钳工已打开快速接头的现状不了解,又按错键,使已打开的接头短节甩起伤人。

C 间接原因

摇炉工、钳工均未执行检修"三方挂牌制度",在移枪检修过程中,操作工、检修人员均未在控制盘上挂"停机检修"牌,属违章作业。

3.5.2.5 车辆伤害事故案例

[案例1] 违章行走,祸及自身

A 事故经过

1990年12月,某炼钢厂一名代培工,去炼钢现场临时食堂返回途经一股无人看守道口时,被经过此处的火车轧伤,造成左腿和右臂截肢。

B 直接原因

伤者通过无人看守道口时没有遵守"一停二看三通过"的规定。

C　间接原因

该厂安全管理存在漏洞,道口安全防护设施不齐全。

[案例 2]　违章作业,致人重伤

A　事故经过

1993 年 3 月某钢厂 1 号炉炉役。15 时 50 分左右,水淬车间丙班班长要吊下渣车上的渣斗。由于天车吊不着,需向南移动炉底车。他到炉下操作室找到乙班一名工人,告诉他准备向南开炉底车,要点动。等观察车周围无人,给信号后再开。但这名工人未得到开车指令便开动炉底车,将正在水淬曲臂卷扬平台上吊装炉帽的一名检修工腹部挤伤。

B　直接原因

炉底车操作工,在未接到开车指令且未确认周围是否有人的情况下自行开车。

C　间接原因

该厂安全管理不到位,对执行制度及规程存在随意性。

[案例 3]　防护不当,自我伤害

A　事故经过

1995 年 1 月,某部炼钢站二调调车员指挥 301 号机车挂 5、2、1 号高炉铁水包,由出铁线牵引运行至 15 号道房处,发现 1 号高炉铁水包未挂出,随即变更计划,再回 1 号炉出铁线挂铁水包。该调车员给操纵司机显示绿色灯光信号,司机操纵机车前进。当发现调车信号消失,司机随即制动停车,发现调车员已被压伤头部致死。

B　直接原因

主要是调车员防护不当,被自己指挥的机车轧死。

C　间接原因

该厂对职工的安全教育不到位,职工安全意识不高。

[案例 4]　违章下车致人身亡

A　事故经过

2005 年 10 月 24 日 9 时 45 分左右,根据炼钢调度作业计划,某运输部调车员李某,担当 12 调机车作业任务。牵引 11 车无烟煤,沿大转炉走行线南行,准备在中道口回道岔进煤粉线对位。当列车运行至距煤粉车间大门北约 5 m 处,李某准备下车时,背部被喷煤粉车间西墙外一天车检修通道支架下端的钢板保护外罩刮碰,李某掉到车下,右脚被运行的车辆碾伤而截肢。

B　直接原因

调车员李某违反了《调车员安全操作规程》中“反面不下车”的作业规定,以及《运输部停上停下规定》中“机车车辆处于运行状态时禁止任何人员上车、下车”的规定,从反面车梯下车,是导致事故发生的直接原因。

C　间接原因

一是《冶金企业铁路技术管理规程》中明确规定了冶金铁路的建筑限界为“自轨面以上高为 7000 mm,自线路中心线至建筑物的宽为 2440 mm”。经现场勘察,喷煤粉车间西墙外的天车检修通道支架距道轨中心的距离为 2170 mm,属超界建筑。

二是运输部安全教育和检查不到位,对铁路沿线的超界建筑等隐患查处力度不够,对作业人员执行《调车员安全操作规程》、《运输部停上停下规定》的情况检查、落实不到位,对此次事故负有管理责任。

3.5.2.6 煤气中毒事故案例

冶金企业作为煤气使用大户,企业内管路密布,随时随地都有发生煤气泄漏的可能。因此,防止一氧化碳急性中毒应当是这些企业职业卫生和安全工作的重点之一。然而急性一氧化碳中毒事故依然频频发生,极大地危害了劳动者的生命安全和健康。

[案例1] 炼钢厂值班人员煤气中毒事故

A 事故经过

1997年1月31日,某炼钢厂炼钢车间40m平台煤气回收巡检值班室3名值班人员正在值班。6点05分,3名值班人员中的冯某,说肚子饿了,想吃点东西,于是站起身准备到食堂买饭。另一位值班人员汪某感觉憋闷得难受,也想到食堂买点东西,站起身也准备走。2人站起身后感觉头重脚轻,迈不开步。到了此时值班的3人还没意识到有什么异常,因为新购进的德国德尔格一氧化碳报警仪没有发出警报,一点动静都没有。另一位40多岁的巡检工章某敏感些,他意识到可能有煤气泄漏,出现煤气中毒,于是抓起桌上的对讲机大喊:"快来救我们,40m平台的人都中煤气了!"当班巡检班长和两名工人听到了呼救,直奔40m平台煤气回收巡检值班室救援;同时炼钢厂调度室也听到了呼救,通知驻厂煤气防护站人员迅速组织救险。

煤气回收巡检值班室方圆几十米区域煤气弥漫,值班室内的3个人都被熏倒在值班室外,前来救援的3人因未戴氧气呼吸器,也被熏倒。就在此时,驻厂煤气防护站人员接到厂调度站的紧急通知,戴氧气呼吸器及时前来救援,将煤气中毒人员迅速带离现场。

B 直接原因

值夜班的3名工人的主要任务是每两小时巡检一次工艺设备,发现异常情况随时报告厂调度室并联系处理。在值班室周围,粗大的煤气回收管、回水管、回水阀、风机阀、氧枪泵、罩裙泵等大型设备纵横交错,是炼钢辅助设备的重要区域。冯某等3名值班工人接班后,打着手电巡检了一遍设备,便再没走出值班室,没有按照规章制度按时巡检,放弃了巡检责任。煤气泄漏后,竟丝毫没有察觉。

C 间接原因

该厂制度执行力不够,对违章查处不力。

[案例2] 抢险班违章作业,导致煤气中毒事故

A 事故经过

1995年3月20日,某钢铁公司煤气车间抢险班在煤气管道搭头施工中,早8时上班后,抢险班班长马某按照调度会的要求,带领该班到起压站(阴井)抽取盲板。起压站(阴井)井长3m,宽1.8m,深2m。到达作业点后,马某指挥人员掀开盖板,未戴氧气呼吸器就直接下井拆煤气管上的法兰盘螺栓。当大部分螺栓卸完,还剩下两三颗时,已有小部分煤气泄漏,此时人们才意识到煤气压力高。马某对站在井口的陶某说:"你去机房,告诉机房的人降压。"陶某打不通电话,就直接到车间办公室告诉值班人员说:"煤气压力太大,要求停二次加压机。"办公室值班人员忙打电话通知净化站停机。此时抢险班安全员夏某也已给净化站打电话通知停机。夏某返回后告诉抢险班班长马某,净化站正在准备停机。马某没有确认已停机就返回井下作业处,继续拆螺栓。由于螺栓长时间没有动过已锈死,难以拆除,有人提议用千斤顶顶开。马某说:"不用了,用撬棒一撬就开了。"安全员夏某说:"这地方煤气还是有点大,是不是去拿呼吸器?"此时另一边的螺栓已拆完,马某这边最后一个螺栓只剩几道螺纹,只听"嘣"的一声,螺栓弹飞,盲板上方管道被顶起,煤气"吱吱"地喷出来。马某还想乘势去抽盲板,但是已身不由己,歪歪斜斜往下倒,其他站

在井内人员因煤气中毒也纷纷倒下。当煤气车间主任带领其他人员,戴着氧气呼吸器将井内中毒人员救上来时,一人已因严重中毒经抢救无效死亡,马某等3人重度中毒,经及时送附近职工医院抢救得以生还。车间主任等7名抢救人员在抢救中因误吸一氧化碳中毒,也被送进职工医院。

B　直接原因

事故发生后,有关部门组成事故调查组对事故进行调查分析,一致确认这是一起严重的违章作业事故。在公司煤气车间制定的安全管理规章制度中明确规定,煤气抢修、检修工作必须减压,携带氧气呼吸器。抢险班在实施抽取盲板工作中,事先未制定安全施工方案,只凭以往快动作抽取盲板得逞的经验代替遵章守纪,事到临头才想起减压、戴氧气呼吸器,而氧气呼吸器又被锁在工具箱里,平时不作保养,临危之时用不上。十分侥幸的是,在抽取盲板和抢救过程中没有发生火花,避免了煤气燃烧爆炸事故,否则将会造成更大的损失,更为严重的后果。

C　间接原因

该厂对重要的安全防护设施的管理不到位,没有起到应急的作用。

[案例3]　煤气泄漏,导致多起中毒事故

A　事故经过

1983年9月25日上午8时左右,某钢铁厂第一薄板车间检修工王某对煤气退火炉进行检修,王某在检修完毕后开始调试时,阀门突然漏气,大量煤气从其上方逸出。王某因吸入过量煤气而引起一氧化碳中毒,被送入医院急救脱险。同年11月9日下午6时左右,该厂耐火车间焙烧工忻某在打开焙烧炉看火时,因炉中燃烧不完全,一氧化碳逸出,忻某因吸入过量一氧化碳而引起急性中毒。1987年4月7日上午9时左右,另一家钢铁厂新建热风化铁炉试炉时发现炉门处有一漏洞,厂方立即派热风化铁炉泥工刘某进行补漏,刘某在补漏时未使用个体防护装备,因吸入大量炉内外逸的一氧化碳而中毒晕倒。

B　直接原因

作业场所未设置一氧化碳报警装置,同时没有使用煤气防护装备。

C　间接原因

该厂对煤气的危险性认识不够深刻,在制度的建立执行以及安全防护措施方面,存在隐患。钢铁厂一般都用煤气作为热源,在炉台作业的工人常年接触一氧化碳,特别是设备出现故障检修时,极易发生一氧化碳中毒。因此,钢铁厂应制定职业卫生和安全操作规程,并对作业工人进行职业卫生和安全教育,督促他们严格执行操作规程,提高自我保护意识和能力。

[案例4]　风机系统故障,导致检修人员煤气中毒

A　事故经过

1989年9月14日下午3时左右,某冶炼厂熔炼车间进行试生产,1号除尘器袋突然脱落,领导当即派装配工周某钻入除尘器底部进行检修。期间位于除尘器旁的3号吸风排毒装置突然"跳闸"而停止运转,致使熔炉中加焦炭后产生的大量一氧化碳气体经送风装置滞留在1号除尘器周围。在除尘器底部进行检修的周某当即中毒昏倒。另两名装配工见周某进去检修久不出来,即钻入除尘器底部进行察看,不料也相继中毒昏倒。事故发生后,厂方立即将3人送入医院抢救,医院诊断周某为重度一氧化碳急性中毒,另两名装配工轻度一氧化碳急性中毒。幸好抢救及时,3人均得以生还。

B　直接原因

该厂熔炼车间系新建项目,尚处于试生产调试阶段,生产技术、设备等存在安全隐患。

C 间接原因

新建厂的制度规程等落实不到位,报警装置以及个体防护设施不到位。

[案例5]　环境煤气浓度超标,引起煤气中毒

A 事故经过

1986年5月12日晚上7点左右,某厂熔铁炉炉台加料工张某在工作时感到剧烈头昏、头痛、恶心并有呕吐,被送往医院急诊,医院诊断为一氧化碳中毒。但是诊断医院和厂方均未向当地的卫生部门报告。直至5月28日当地卫生部门通过其他途径才了解到此事,便立即派人到工厂进行调查。调查人员首先对熔铁炉炉台加料操作带进行了检测,检测结果是空气中一氧化碳浓度均超过国家卫生标准。调查中工人反映类似情况已发生过多次,工人还反映炉台加料处吸风装置经常损坏,不能开启,有时要过几个月厂方才派人修复。对工人反映的情况,厂方也没有否认。调查人员认为,熔铁炉炉台作业场所空气中一氧化碳浓度严重超过国家卫生标准,劳动条件比较恶劣,发生一氧化碳中毒事故是必然的。操作工人在此环境下长期作业,即使不发生急性中毒,一氧化碳对工人健康的慢性损害也是在所难免的。

B 直接原因

作业场所没有设置有效的职业卫生防护设施,未设置一氧化碳报警装置。

C 间接原因

该厂安全管理存在漏洞,对该区域煤气安全没有引起足够重视。

[案例6]　燃煤炉燃烧取暖,3人中毒死亡

A 事故经过

2009年3月26日,某钢厂机修车间工人赵某等2人早上接班,持续工作到次日凌晨(机修车间执行24h上班制)。因天气较冷,使用室外放置的取暖煤气炉的炉心,通过橡胶皮管将煤气接入机修值班室已停止使用的燃煤炉燃烧取暖。因炉心为自制,不符合安全要求,煤气燃烧不充分,发生煤气泄漏,造成2人中毒。凌晨4时到5时左右,周某也来到机修车间取暖休息。结果,3人因煤气中毒而窒息死亡。

B 直接原因

赵某等安全意识不强,违反安全生产规章制度和操作规程,私自将煤气接入机修值班室燃烧取暖,发生煤气泄漏,是导致本起事故发生的最直接原因。而周某到机修值班室休息,没能发现赵某等2人因吸入过量煤气已处于昏迷状态,不仅没能及时制止悲剧的发生,还导致事故的扩大。

C 间接原因

对安全生产工作重视不够,安全管理不到位。突出表现在:安全管理制度不健全,相关责任制不落实,未层层签订安全生产目标责任书;对从业人员进行安全生产教育和培训流于形式,对禁止使用的炉心、橡胶管等设备未进行严格管理,对职工违规使用明令禁止的取暖行为处理不严,未能引起职工的警觉;对作业场所和工作岗位存在的危险因素认识不到位,在有较大危险因素的生产场所和有关设施、设备上未设置安全警示标志;擅自延长劳动者的工作时间,造成职工疲劳;安全生产事故应急救援预案流于形式,无可操作性;单位主要负责人、安全管理人员未认真履行安全生产工作职责。

3.5.2.7　高处坠落伤害事故案例

[案例1]　多种原因,造成死亡

A　事故经过

1994 年 7 月,某炼钢厂小板坯出坯跨 5 号天车吊钩脱轮,调度令检修车间安排两名起重工前去处理。由于脱轮严重未处理好,他们向小板坯车间副主任汇报,讲应换新绳但暂时没有。这时当班工长走过来,听到后考虑到生产急需,要求上去看看。工长上去后示意去个人帮忙,一名年轻起重工从南侧上了 6 号车(未告诉天车工),走过天车端梁,经天车西侧下到大车行走梁上,意西行上 5 号车。这时 6 号天车进行作业自东向西行驶,碰到在行走梁上的起重工,使其坠落摔伤,一个月后死亡。

B　直接原因

一是起重工去 5 号车不走安全通道,上 6 号车未与天车工联系。

二是两名起重工的另一人,未尽到互相监护的责任。

三是 6 号天车操作工开车前未认真检查,未发现爬上天车的起重工。该车无电铃,开车前无法示警,该厂也没有及时解决。

C　间接原因

这次处理脱轮故障,涉及不同车间和不同工种,处理故障和生产同步进行,存在潜在的危险因素。且作业时无负责人,无安全措施,缺乏组织协调。

[案例 2]　设备隐患,致人重伤

A　事故经过

1995 年 2 月,某炼钢厂精整车间丙班班长指挥 4 号天车,用大钩起吊链条挂着的 3 只热钢坯。该天车的女学员站在天车操作室外的斜梯上看师傅操作。当钢坯吊起约半米高时,挂钢坯的链条因铰接处突然松开造成天车抖动,学员站立的斜梯掉落地面,学员随梯坠落,造成多处骨折。

B　直接原因

一是该天车斜梯顶部平台与天车顶部平台横梁由 4 只 M16 螺栓紧固,事故发生时仅有一只螺栓起作用并被切断。

二是当班天车工对设备检查不认真,未及时发现斜梯存在的隐患。

C　间接原因

一是丙班班长吊挂钢坯时,对链条铰接处未及时理顺,造成起吊后天车抖动。

二是检修工段在该天车的维护作业中,未及时发现该处隐患。

三是该厂及精整车间安全管理工作存在不足。

[案例 3]　冒险作业,祸及自身

A　事故经过

1999 年 8 月,某炼钢厂耐火车间,在砖机故障停机检修时,安排天车工开车将砖机专用储料罐吊到补炉料输送皮带机受料座上卸料。因罐内的砖料未放净,班长便站到 2.4 m 高的受料座边沿(20 mm 宽)上拿一铁棍向下捅料,结果失足坠下死亡。

B　直接原因

班长对剩余砖料的处理方法不恰当,站在受料座边沿向下捅料,是此次事故的直接原因。

C　间接原因

一是班组其他成员未尽到互保联保的责任。

二是该厂及耐火车间安全管理不到位。

[**案例4**] 不慎失手,坠落摔伤

A 事故经过

1994年5月,某炼钢厂原料车间二期厂房内,行车抓斗提升钢丝绳卡松动,钢丝绳脱出,即将抓斗放在平台修理。一名天车工站在抓斗第二根横梁上用活扳手紧固绳卡螺母,紧完后下来时不慎失手,从一米半高处摔下,造成颅骨、锁骨及肋骨骨折。

B 直接原因

天车工对存在的危险辨识不到位,未采取必要的安全防护措施。

C 间接原因

天车工安全意识不高,自我防范意识不强。

[**案例5**] 设备缺陷,致人重伤

A 事故经过

1991年8月,某炼钢厂检修车间一名天车工在3t行车走台上清扫卫生。当扫至走台中间时踩翻一块早已脱焊的铺板并连同铺板一起从7m高的走台上坠落,造成多处骨折。

B 直接原因

走台铺板的焊接工艺不符合要求,在使用过程中脱焊。

C 间接原因

一是例行的安全检查和设备检查不细致,对这一隐患没能及早发现和处理。

二是伤者作为该行车的点检包机员,对此隐患意识不到,警惕性差。

[**案例6**] 违章作业,摔伤自己

A 事故经过

1989年6月,某炼钢厂综合车间三名钳工在新建的锻造厂房房顶安装瓦楞铁,两人在房顶作业,一人在下面协助。10时15分左右,在房顶作业的一名钳工在拿脊瓦时,不慎从6m高的房顶滑下,摔在檐下后掉落至炉基坑内,造成多处骨折及肾挫伤。

B 直接原因

作业人员违章作业,高空作业不系安全带,是此次事故的直接原因。

C 间接原因

该厂和车间对规章制度的落实督促检查不够。

[**案例7**] 违章作业,自取其祸

A 事故经过

1991年4月,某炼钢厂综合车间油工队三班在浊循环水泵房内粉刷涂料。一名油工在刷上部墙壁时未使用安全带,一只脚踩在墙壁穿线管上。因穿线管被踏落,致使其由4m高处坠落,造成头及内脏损害。住院治疗期间死亡。

B 直接原因

该油工高空作业不使用安全带是直接原因。

C 间接原因

该公司及油工队安全管理不到位。

[**案例8**] 防护不当,坠落身亡

A 事故经过

2008年12月17日10时56分左右,某炼钢厂3号转炉第8炉钢出完后,操作工张某在炉后处理炉身出钢口粘钢时不慎坠落炉下,合金工韩某发现后立即向炉底跑去,边跑边喊"有人掉下去了,不要动炉子",到炉底后发现张某坐在炉底轨道中间,面朝北、两臂举起、浑身着火,身前有一个还在发着红光的粘钢(粘钢直径约 40 cm,长约 50 cm,重约 60 kg),旁边还有一根钢钎(长 320 cm,直径 3.8 cm,重 14 kg),他同随即赶来的张某一起用土把张某身上的火扑灭,并同其他工人和车间及厂领导一起将张某救出,立即送医院,经抢救无效死亡。

B　直接原因

炉前工张某违章操作,违反了该炼钢厂《安全规程》中"人工清理炉帽、炉身、斜坡板积渣,必须将防护链条挂上,使用钢钎长度不短于 2.5 m,要站位合理、动作协调,防止坠落炉坑"之规定,以及《转炉、烟道系统日常检修、维护安全管理规定》中"清理炉身、炉口及斜坡板粘钢、粘渣时,必须挂好防护链条、要站牢立稳、均匀用力,防止坠入炉下,多人作业时要配合协调"的规定,在捅出钢口粘钢时,没有将防火门前的防护链挂上,由于粘钢太重,坠落时将捅粘钢的钢钎和张某一起带了下去,是造成这起事故的直接原因。

C　间接原因

该炼钢厂对工人安全教育不到位,车间、班组对现场管理不严格,监管不到位。

[案例 9]　安全隐患,引发高处坠落

A　事故经过

2009 年 1 月 4 日,某钢铁股份公司炼钢厂煤气车间第三运行作业区 2×10^5 m³ 煤气柜要停柜检修,检修前需要对气柜进行气体置换,置换后经气体取样检验合格,人员方可进入柜内检修。煤气车间主任张某安排分管煤气防护工作的王某具体负责安排煤气柜的停气和气体置换、取样检验等工作。

煤气车间调度翟某安排协力人员在 2×10^5 m³ 煤气柜的人孔旁边用毛竹搭设临时检修平台,总共有 5 处;并将煤气取样检验等工作的任务单下达给防护作业区作业长夏某,夏某将任务单交给三作业区防护班长董某,布置了工作任务,检查了呼吸器等安全防护用具。

11 时 30 分左右,第三运行作业区人员开始对煤气柜进行氮气置换工作,氮气置换之后,登上搭好的临时检修平台进行打开人孔等准备工作。13 时 30 分左右,王某通知董某等 3 名防护人员开始气柜检查和取样检验工作,由王某在现场监护董某进行气体取样,另两名防护人员到柜顶检查。工作任务布置后,王某还交代了要防止煤气中毒、防滑等安全注意事项。

13 时 40 分左右,在王某的监护下,董某逐一对气柜的几处取样点进行气体取样,并送到值班室进行检验,夏某在值班室查看检验情况。14 时 40 分左右,董某戴着氧气呼吸器,携带一氧化碳报警仪和取样球胆,第三次爬上气柜西侧的检修平台(高约 3 m),在气柜五带的人孔处进行气体取样,取样完毕后,转过身来准备要下平台。王某看到董某取样操作已结束,而且动作正常,没有煤气中毒的迹象,就转身离开,刚走了几步,突然听到背后"轰"一声响,王某回头看到董某已跌落在地面的排水沟上,仰面朝天,口鼻出血,头戴的安全帽已破损。王某跑到现场防护点喊人过来一起将董某抬到旁边草地上进行临时急救。随后,安排厂内救护车将董某送往市中心医院,经抢救无效,董某于当日 15 时 30 分左右死亡。经法医鉴定,董某系颅脑损伤致死。

B　直接原因

董某在完成取样后,从临时检修平台下来的过程中,由于身背 10 余 kg 的呼吸器,一手拿着取样球胆,支架湿滑,不慎跌落地面,头部撞到排水沟沿。

C　间接原因

一是临时检修平台存在安全隐患,竹制检修平台和支架雨后湿滑,缺少有效的防滑、防坠落技术措施,人员在上下和作业过程中有滑跌的危险。

二是检修前对检修设施安全性检查确认不到位,防滑安全措施未落实。

三是作业现场监护工作存在缺陷,监护人员没有做到全过程安全监护。

3.5.2.8 触电伤害事故案例

[**案例1**] 偷偷换保险,电弧烧灼伤

A 事故经过

2005年2月23日11点30分,某炼钢厂电气车间维修班维护电工荣某,在检修二级中控配电室低压电容柜时,在未断电的情况下,直接用手钳拔插式保险。因操作不当,手钳与相邻的保险搭接引起短路,形成的电弧将面对电容柜的荣某的双手、脸、颈脖部大面积严重灼伤。幸亏被送进医院及时救治,荣某才脱离了生命危险。但电气短路烧毁了电容柜上不少电气元件,造成该柜连接系统单体停车长达3.5h,给生产造成了较大损失。

B 直接原因

一是荣某严重违反《电气安全检修规程》中"不准带电检修作业"的规定。心存侥幸,冒险蛮干,在该电容柜完全可以断电检修的情况下,却带电检修作业。

二是荣某习惯性违章作业。在拔插式保险时,本来可以用岗位上配备的专用工具——保险起拔器。可是,他自以为经验十足,懒得去拿,用手钳直接带电拔保险,而导致电容柜短路并产生电弧致自己灼伤和系统停车。

三是荣某在检修前,未编制设备检修方案,未填写检修任务书,未办理设备检修许可证,更没有与岗位操作人员取得联系,趁操作人员中午买饭的时候,想偷偷地把保险换掉,使自己的违章行为神不知鬼不觉。结果,习惯性违章终于使他在小河沟内翻了船。

C 间接原因

一是岗位当班操作工严重失职失责。本来已发现荣某在岗位上转来转去不愿离去,已意识到他可能有什么事情要做,但不闻不问、不沟通、不追查、不提醒,结果他去买饭的短短几分钟,就给荣某违章行为造成可乘之机。

二是电气车间安全管理不到位,不严格,有死角。规章制度制定得不少,讲得也多,但落实得不够,违章行为没有真正得到有效消除。同时安全教育不到位,流于形式,没有深入到员工特别是违章者的思想上。

[**案例2**] 违章作业,有电当没电,险丢命一条

A 事故经过

2006年5月25日8时,某炼钢厂变电所所长刘某安排值班电工宁某、杜某修理直流控制屏指示灯,宁某、杜某在换指示灯灯泡时发现,直流接线端子排熔断器熔断。这时车间主管电气的副主任于某也来到变电所,并和值班电工一起查找熔断器故障原因。当宁某和于某检查到高压配电间后,发现2号主受柜直流控制线路部分损坏,造成熔断器熔断,直接影响了直流系统的正常运行。接着宁某和于某就开始检修损坏线路。不一会儿,他们听到有轻微的电焊机似的响声。当宁某站起来抬头看时,在2号进线主受柜前站着刘某,背朝外,主受柜门敞开,他判断是刘某触电了。宁某当机立断,一把揪住刘某的工作服后襟,使劲往外一拉,将他拉倒在主受柜前地面的绝缘胶板上,接着用耳朵贴在他胸前,没有听到心脏的跳动声,宁某马上做人工呼吸。这时于某已跑出门,去找救护车和卫生所大夫。经过十几分钟的现场抢救,刘某的心脏恢复了跳动,神志很快清醒了。这时,闻讯赶来的职工把刘某抬上了车,送到市区医院救治。

后经了解得知,刘某在宁某和于某检修直流线路时,看到 2 号进线主受柜里有少许灰尘,就到值班室拿来了笤帚(用高粱穗做的),他右手拿着笤帚,刚一打扫,当笤帚接近少油断路器下部时就发生了触电,不由自主地使右肩胛外侧靠在柜子上。

B　直接原因

一是刘某违章操作。刘某对高压设备检修的规章制度是清楚的,他本应当带头遵守这些规章制度,遵守电气安全作业的有关规定,但是,刘某在没有办理任何作业票证和采取安全技术措施的情况下,擅自进入高压间打扫高压设备卫生,这是严重的违章操作,刘某是事故的直接责任者。

二是刘某对业务不熟。工厂竣工时,设计的双路电源只施工了 1 号电源,2 号电源的输电线路没架设,但是,总变电所却是按双路电源设计施工的。这样,2 号电源所带的设备全由 1 号电源通过 1 号电源联络柜供电到 2 号电源联络柜,再供到其他设备上,其中有 1 条线从 2 号计量柜后边连到 2 号主受柜内少油断路器的下部。竣工投产以来,2 号电源的电压互感器、主受柜、计量柜,一直未用,其高压闸刀开关、少油断路器全部打开,从未合过。刘某担任变电所所长工作已经两年多,由于他本人没有认真钻研变电所技术业务,对本应熟练掌握的配电线路没有全面了解掌握(在总变电所的墙上有配电模拟盘,上面反映出触电部位带电),反而被表面现象所迷惑,因此,把本来有电的 2 号进线主受柜少油断路器下部误认为没有电,所以敢于大胆地、无所顾忌地去打扫灰尘。业务不熟是造成这次事故的主要原因。

C　间接原因

一是缺乏安全意识和自我保护意识。5 月 21 日,总变电所已经按计划停电一天进行了大修,总变电所一切检修工作都已完成。时过 3 日,他又去高压设备搞卫生。按规定,要打扫,也要办理相关的票证、采取了安全措施后才可以施工检修。他全然不想这些,更不去想自己的行为将带来什么样的后果,不把自身的行为和安全联系起来考虑,足见缺乏安全意识和自我保护意识。

二是车间和有关部门的领导,特别是车间主管领导和电气主管部门的有关人员,由于工作不够深入,缺乏严格的管理和必要的考核,对职工技术业务水平了解不够全面,对职工进行技术业务的培训学习和具体的工作指导不够。

[案例 3]　违章作业,造成重伤

A　事故经过

2001 年 5 月,某公司电修车间乙班排查处理电源开口电压高的故障。在对电容器进行检查清扫后,班长和一名电工又检查清扫高压真空开关,由该电工负责监护。16 时 20 分,该电工未经安排进入带电的进线柜内清扫,被高压电弧击倒多处受伤。

B　直接原因

一是伤者违章进入柜内清扫;

二是班长未尽到互保联保的责任。

C　间接原因

该公司及电修车间对职工教育培训不够,对规章制度的落实督促检查不够。

[案例 4]　违章送电,致人死亡

A　事故经过

1992 年 10 月,某厂检修供电线路,工作任务有两项,计划工作时间为 8 时 ~ 16 时,由供电车间实施。安全措施做好后于 8 时开工。10 时许,该车间一名技术员因需卸变压器,找到检修工作负责人要求送电。该负责人在未确认检修工作是否全部结束和作业人员是否全部撤离的情况下,于 10 时 25 分向分厂调度室下达工作结束并于 10 时 35 分送电的指令。而此时车间的电缆班正在变压室制作电缆头,一名年轻电工的手被电击了一下,一名老电工认为是静电,未验电就拿接地线去放电,造成弧光短路,使其全身 50% 烧伤,送医院抢救无效于第二天死亡。年轻电工也烧成重伤。

B 直接原因

检修工作负责人没有认真执行工作票,在未确认作业人员是否全部撤离工作现场的情况下,盲目办理送电手续。

C 间接原因

该厂及供电车间领导对安全生产规章制度的落实情况督促检查不力。

3.5.2.9 其他伤害事故案例

[案例1] 违章作业,造成重伤

A 事故经过

1996 年 3 月,某部一名调车员指挥 1001 号机车沿中板 1 股铁路由西向东行驶,准备挂线路上的 8 个停留车。当机车距被挂车半个车皮距离时,调车员从机车上下来继续指挥机车向前慢行。当机车接近被挂车时,他发现被挂车的钩头不正就用手去扳动,结果被正在连挂的两车钩头挤伤右手和小臂。

B 直接原因

一是调车员违章在车辆运行中调整钩头。

二是机车接近被挂车时未一度停车。

C 间接原因

该部对违章行为查处制止不够。

[案例2] 违反操作规程,导致死亡

A 事故经过

2004 年 1 月 14 日 14 时左右,某厂职工孟某及临时工姜某、刘某指挥副跨 2 号天车吊运中间包。将厂房内西侧,在一个中间包上面摞着的 14 号中间包,吊到东侧 3 m 外的地面上。中间包吊到指定位置后,三人将绳套摘下,姜某示意天车工起升吊钩。天车工看到后鸣铃示意,提升吊钩同时开动大车向东运行。由于此时绳套还未离开中间包,向东运行时挂到 14 号中间包包沿,拖动它向东移动,将孟某挤在 14 号包与另一中间包之间造成其死亡。

B 直接原因

天车工违反该厂安全规程"运行中,应使所吊重物底部高出障碍物 0.5 m 以上……"的规定,对绳套起升高度没有脱开中间包即开动大车向东运行。

C 间接原因

一是孟某危险源辨识不到位,站位不安全。

二是天车指挥工刘某天车指挥不到位,对违章作业没有及时制止。

[案例3] 没穿戴好劳保护品,导致死亡

A 事故经过

2004 年 6 月 17 日,某厂精整车间挂吊工张某、王某由天车工配合,在成品库房 9 号垛上执行成品钢筋装车任务。张某指挥天车将该垛最西侧两捆钢筋的北头吊起,向西挪动后落下(分捆),目的是使这两捆钢筋与其他钢筋捆拉开距离,以便再挂绳套吊到汽车上。落下后他又指挥天车工向北移动吊钩,使绳套从钢筋捆上脱出。10时15分左右,王某由钢筋捆的中间位置向西跨越两捆钢筋试图挂绳套时,最西侧的一捆钢筋从垛上滑下,王某随之坠下摔伤头部造成死亡。

B 直接原因

一是钢筋垛放不合理,存在滑落危险。

二是王某对存在的危险辨识不到位,站位不当,未戴安全帽。

C 间接原因

一是该厂精整车间安全管理不到位,对钢筋码垛存在的风险视而不见。

二是对职工的安全教育不到位,对违反护品穿戴行为查处不力。

[案例4] 危险辨识不充分,致己死亡

A 事故经过

2002年10月14日15时5分左右,某炼钢厂综合车间维护电工李某及学徒工王某,处理除尘风机防雨棚照明故障后,沿皮带通廊顶部水管道下行。王某在前李某在后,相距约两米。当李跨越通廊顶部除尘管道支架基础时,身上携带的螺丝刀扎入管道保温层,用力摆脱时身体失衡从通廊顶部坠下,送医院经抢救无效死亡。

B 直接原因

李某对所处的危险位置辨识不充分。

C 间接原因

一是综合车间对职工的安全教育不到位,职工安全意识淡漠。

二是互保联保不到位,两个人一同作业,没有起到互保联保的作用。

[案例5] 确认不良,致己窒息身亡

A 事故经过

2008年9月15日18时39分左右,某钢铁厂能源动力车间2号1750 m^3 高炉浊水泵房值班人员陈某、梁某发现E2-1号高压泵流量突然下降,便从二楼值班室下来查看,在楼梯口处碰到了发现泵房漏水前来告知的加药室加药工李某。三人一同向泵房南门赶去,看到水从泵房加药间南门溢出。陈某、梁某随即返回值班室换水鞋,并立即打电话向管理部调度室和水处理站站长刘某汇报,随后下楼。泵房南侧门因房内积水打不开,于是三人又向泵房北门跑去。陈某跑在前面,等梁某、李某跑到泵房北门口时,陈某已拿手电筒从北门进入了泵房内。梁某、李某在门口大声喊陈某的名字,陈某没有回应,但这时泵房内水太深并充满水蒸气,梁某、李某担心有煤气泄出,不敢进入。此时泵房北门门口的排风扇喷出蓝黑色火苗,泵房内突然停电,梁某、李某两人再次呼喊陈某,仍没有回应。两人又跑回泵房南门,在南门处碰到了接到电话通知赶到现场的水处理站站长刘某、水资源管控中心管道巡检员马某、中心主任李某和水处理站作业长祝某,梁某告诉他们陈某在里面,请求马上救人。刘某拨打了120和119报警电话。大约19时10分左右,119救援人员赶到现场。救援人员戴好空气呼吸器、携带煤气报警仪和手电筒进入泵房,发现陈某头部向西、脚向东仰面躺在水中,随即将其救出并送往医院抢救。20时10分左右陈某经抢救无效死亡。

B 直接原因

通过现场勘察,并查看动力车间有关运行记录,经调查分析论证,为煤气洗涤塔供水的E2-1号高压泵出口总管道末端堵板开焊,洗涤水迅速外泄致泵房内水深达380mm左右,水蒸气充满泵房(该岗位运行日志18时记录供水温度为51.2℃)。事发后,污水处理工陈某急于进入泵房查找跑水故障,对可能发生的意外自我防护不够,存在烫伤(本人面部等多处烫伤)、缺氧窒息等危险,晕倒在水中窒息死亡(医院无死亡原因的明确结论)。这是造成此次事故的直接原因。当时,供水泵仍然运转,还有逆止阀的阻滞作用,且梁某、李某紧随其后在陈某进门口处大声呼喊,但无不适的迹象和感觉。此外,在供水泵继续运行的情况下,外环泵吸水池水位逐渐下降并被抽空,最终造成煤气倒流进入泵房,当时为19时左右。其他救援人员陆续赶到现场后,在施救过程中发现并确认泵房内已有煤气,由于施救得当,事故没有扩大。

C 间接原因

一是法兰盲板两侧的法兰不是标准法兰。

二是盲板另一侧(即管道末端)法兰盖的制作不符合设计规范。

三是法兰盲板中没有插盲板。

四是通向煤气洗涤塔供水立管上的逆止阀作为防止水逆流的安全设施,没有得到经常性的维护点检。

五是浊水泵房与煤气洗涤塔相互关联,该厂对意外情况下可能发生的煤气倒蹿、泄漏等危害认识不足且没有辨识到位,相应的岗位安全预案预控、事故防范及应急处理措施针对性不强。对职工的工艺操作、安全知识、事故应急等教育培训在深度和广度上做得不够,存在对职工安全教育不到位的问题。

[**案例6**] 池内氮气含量超标,五人窒息死亡

A 事故经过

2009年3月21日8时30分,某工程项目部闻某带领2名民工到某钢铁公司连铸车间水泵房除盐水池(长20m、宽4.6m、高3.65m,容积约320m³)进行池壁渗漏修复作业。事先业主已将水池水位降至溢流最低点(池内剩余水深约0.5m左右)。13时45分左右,闻某等2人先后下到池底(池内余水已在当天中午前排除),相继晕倒。电工张某等2人闻讯下池救人,也晕倒在除盐水池内。电工安某顺爬梯下到水池一半高度时,发现池内已有4人倒地,感觉情况异常顺爬梯回到池上。管道安装工段长郭某带人赶至事故现场,误以为是触电导致下池人员晕倒,在断电后让管道工杨某下池救人,导致杨某缺氧窒息倒在池内。至此,除盐水池内共5人窒息晕倒,送医院医治无效死亡。

B 直接原因

有关人员在除盐水池内作业过程中,违反《缺氧危险作业安全规程》(GB 8958—2006),在未经检测、不明池内环境和缺乏有效通风换气措施保障(作业人员在作业前准备了通风换气用的轴流风机,但在实际工作时没有使用)的情况下,贸然在缺氧危险场所作业,是导致本起事故的直接原因。专家组认为,事故是由稳压罐内氮气随回水管道反蹿到除盐水池内,造成池内氮气含量超标、严重缺氧,导致作业人员下池后窒息死亡。

C 间接原因

一是该工程总项目经理部对地上有限空间缺氧危险作业危险性认识不足,事前没有制定相应的安全措施和安全预案;对公司职工安全教育培训不到位,作业人员安全知识水平匮乏,安全意识低;现场施救人员缺乏必要的救护知识,盲目施救,致使施救人员缺氧窒息,导致事故扩大;作业人员在进行除盐水池防渗漏修复作业施工过程时,没有实施有效的安全监管。

二是该钢铁有限公司作为业主方,对外埠施工单位某工程总项目经理部存在安全监管不到位的问题。

4 炼钢厂主要危险源及风险评价

4.1 炼钢厂危险、有害因素分析

4.1.1 炼钢厂基本工艺

炼铁厂高炉铁水由鱼雷罐车运送到炼钢厂铁水倒罐站,铁水经过 KR 处理后,硫含量降到 0.010% 以下,同时采用铁水脱硅技术,有效地减少钢中有害元素的含量和非金属夹杂物含量,铁水预处理技术进一步稳定和简化了转炉冶炼操作,提高了炼钢经济指标,降低了各种消耗;转炉一般采用顶底复吹工艺、副枪自动化炼钢技术,并且保持良好的底吹同步;转炉烟气通过干法或湿法除尘后,煤气实施回收,烟道余热高效回收。出钢后的钢水可按不同钢种要求,经 CAS、LF、VD、RH 精炼设备进行精炼处理,炉后精炼系统,将转炉净化钢水调节温度的功能后移,进一步解放转炉,使其充分发挥升温、脱硫的功能,降低转炉负荷,提高产量和质量。配备板坯连铸机,所生产板坯送轧钢厂进行轧制。炼钢厂基本工艺如图 4-1 所示。

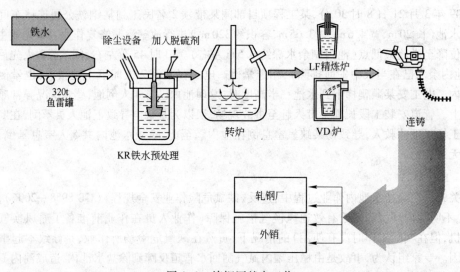

图 4-1　炼钢厂基本工艺

4.1.2 炼钢厂主要危险、有害因素

4.1.2.1 高温

炼钢生产是钢铁工厂中高温热辐射危害最为严重的系统,根据企业提供的高温作业检测结果,某炼钢厂高温岗位职工共计 192 人,占职工总人数的 21.1%,炉前、浇铸区、上料和除尘 4 个高温岗位全部为Ⅱ级,室内温度在 30~31℃ 之间。高温环境会造成人员中暑、头昏、心慌、恶心等生理现象,引起注意力下降,精神不集中,从而诱发事故的发生。

4.1.2.2　噪声

炼钢厂生产噪声污染较严重,噪声主要来源于炉料输送、蒸汽喷射泵、蒸汽放散等。根据企业提供的高温作业检测结果,产生噪声较大的岗位为风机室,风机室噪声最大为 87.1 dB。无防护耳塞,操作室无隔声措施,噪声作用于人体能引起听觉功能敏感度下降甚至造成耳聋,或引起神经衰弱、心血管病及消化系统等疾病的高发。另外,噪声干扰影响信息交流,使人员误操作发生率上升,诱导事故的发生。

4.1.2.3　粉尘

炼钢厂粉尘危害大,接触粉尘工人占职工总数的 39% ~ 43%。主要尘源是吹氧烟尘,其次是出钢、出渣、连铸和倾倒铁水作业,修炉、拆炉和修罐作业,以及普遍使用压缩空气吹扫积尘所引起的二次扬尘。炼钢厂粉尘是含大量氧化铁粉和约 20% 游离二氧化硅,粒度绝大部分小于 10 μm 的混合粉尘。根据企业提供的高温作业检测结果,粉尘浓度最高处为炼钢车间废钢区,粉尘含量为 8.0 mg/m³。粉尘环境会造成硅肺(旧称矽肺,属混合尘肺)。据某钢厂 649 例炼钢工人胸部 X 射线摄片检查,硅肺检出率为 0.3%,可疑硅肺 5.6%,出现网影(硅肺早期 X 射线表现) 12.6%。其中主要是修炉修罐工、炉前工、原料工和吊车工。

4.1.2.4　电离辐射

液位控制往往采用钴(^{60}Co)检测,如果操作不当、安装不良,会造成电离辐射伤害。放射源发射出来的射线具有一定的能量,它可以破坏细胞组织,从而对人体造成伤害。当人受到大量射线照射时,可能会引起外照射放射病,产生诸如头痛乏力、食欲减退、恶心、呕吐等症状,严重时会导致组织细胞破坏及血液循环系统方面的病变,甚至可能导致死亡。特别是机器发生故障时、自动控制失灵、作业人员必须用手制动安全轮使辐射源复位,操作室防护屏蔽厚度不够或有裂缝,作业人员违反安全操作规定未能有效利用防护设备,在这些情况下极易使作业人员患放射病。

4.1.2.5　工业毒物

炼钢厂能够造成中毒的气体有一氧化碳和氧气。一氧化碳在血中与血红蛋白结合而造成组织缺氧。轻度中毒者出现头痛、头晕、耳鸣、心悸、恶心、呕吐、无力,血液碳氧血红蛋白浓度可高于 10%;中度中毒者除上述症状外,还有皮肤黏膜呈樱红色、脉快、烦躁、步态不稳、浅至中度昏迷等症状,血液碳氧血红蛋白浓度可高于 30%;重度患者深度昏迷、瞳孔缩小、肌张力增强、频繁抽搐、大小便失禁、休克、肺水肿、严重心肌损害等,血液碳氧血红蛋白可高于 50%。部分患者昏迷苏醒后,约经 2 ~ 60 天的症状缓解期后,又可能出现迟发性脑病,以意识精神障碍、锥体系或锥体外系损害为主。常压下,当氧的浓度(体积分数)超过 40% 时,有可能发生氧中毒。吸入 40% ~ 60% 的氧时,出现胸骨后不适感、轻咳,进而胸闷、胸骨后烧灼感和呼吸困难,咳嗽加剧;严重时可发生肺水肿,甚至出现呼吸窘迫综合征。吸入氧浓度在 80% 以上时,出现面部肌肉抽动、面色苍白、眩晕、心动过速、虚脱,继而全身强直性抽搐、昏迷、呼吸衰竭而死亡。长期处于氧分压为 60 ~ 100 kPa(相当于吸入氧浓度 40% 左右)的条件下可发生眼损害,严重者可失明。

4.1.3　转炉单元危险、有害因素分析

转炉单元包括高温铁水(1300 ~ 1400℃)的运输和容器置换(从铁水罐进入混铁炉,由混铁炉倒出经处理后兑入转炉)、铁水的预处理(高温化学反应)及转炉冶炼(高温状态下的剧烈的化

学反应)等。在反应过程中,会放出大量的热。同时,高温气体、强烈辐射、煤气及大量烟尘等的存在,导致了炼钢生产环境非常恶劣。设计过程中需考虑到生产过程的人身安全,保证设备在高温环境下正常运转,并且要控制和处理污染源以保护环境。为此必须采取各种预防措施,防止烟气爆炸、钢渣烫伤人。

在炼钢过程中所供应的电、水、压缩空气、煤气、氧气、氮、氩、蒸汽等各种介质中,煤气属于有毒气体,氮、氩为窒息性气体,空气和氧气为助燃气体,这些介质都在高温下工作,所以蕴藏着各种事故可能,有些事故是不可估计和接受的,如爆炸、设备毁坏、人员伤亡等。因此,设计、施工、生产都应遵循各种规范、标准工作,在设计中尽可能全面地考虑危险因素并设计相应的保护、防范措施,在施工与生产时还应严格执行各种规程和安全要求,任何疏忽都会酿成大祸。

4.1.3.1　铁水储存、KR 法铁水预处理

鱼雷罐从高炉将铁水(1350℃左右)运至倒罐站;当转炉需要时,再倒入铁水包。在铁水置换容器过程中,产生烟尘主要是片状石墨,呈飞灰状,通过集气罩收集处理。对部分铁水预处理是为了降低铁水中的硫,预处理过程也会产生大量的烟尘,由除尘系统处理。

铁水进入转炉后,即开始炼钢过程,同时还要加入部分废钢。在铁水进入转炉及废钢入炉时都要按规程进行,否则会引起钢水喷溅事故。如废钢中混有易爆物,还会产生爆炸事故。

KR 法铁水预脱硫工艺中会产生大量烟尘,要做好烟尘处理,在处理站设置烟尘罩,做好除尘工作。

脱硫剂使用炭粉和镁粉,镁粉系易燃物品,因此,镁粉的储存要注意安全、防潮、通风、保持干燥和注意不能有明火和远离火源,输送介质要惰性气体(氮或氩)。为节省费用、降低生产成本,用氮作为输送介质即可。如对镁粉的储存、运输不按规定操作将引起火灾或爆炸,造成人员伤亡和影响生产。

4.1.3.2　炼钢过程是高温氧化反应

从高炉来的铁水含有各种杂质、硫、磷等,同时碳含量高;炼钢过程降低了杂质含量,并提高钢水温度(1650~1700℃)。当铁水进入转炉后,同时加入渣料,然后插入氧枪喷出纯氧,氧在喷枪的出口速度超过声速。在高温条件下,氧与铁水发生剧烈反应,并产生大量高温气体,气体中含有高浓度的氧化铁粉尘,所以冶炼过程是一种剧烈的、高温的化学反应。转炉废气回收后进入煤气柜,但是因为气体中带有大量的烟尘,废气不能利用,如果放散,将严重污染环境,损害人体健康,对农作物有害,所以对转炉放出气体要进行除尘处理。经除尘后,煤气可以回收作为再生资源,此外,高温气体经烟罩冷却水吸收物理热产生蒸汽也是再生资源可以利用。所以,炼钢过程包括冶炼过程本体,同时还派生煤气回收和废热锅炉,为其服务的项目为除尘系统、仪表、自动控制系统、检化验系统、供电、供水、供氧、供氮、供氩、压缩空气等系统。

4.1.3.3　炉渣、钢渣的利用

炉渣、钢渣经处理外运,大部分返回作原料,剩余部分可作为水泥原料或者用作铺设公路的基础。

4.1.3.4　危险、有害因素及控制措施

采用预先危险性分析法(PHA)对转炉单元危险、有害因素进行分析,其结果如表 4-1所示。

表4-1 转炉单元危险、有害因素及控制措施

事 故	阶 段	触发事件	形成事故原因	影 响	危险程度	控 制 措 施
爆炸	生产过程	铁水、钢水与大量水接触	1. 转炉下有积水,钢水运行、铁水运行的路线有积水; 2. 转炉出钢时钢渣外溢; 3. 钢包、铁水包漏液; 4. 高热高温钢水、铁水与水接触发生爆炸	破坏设备,危及人的生命	6	1. 转炉下不能有积水,要保持干燥; 2. 钢包、铁水包运行路线要固定,在路线上不能有积水并要求干燥
		转炉装入废钢不符合安全规程	1. 废钢中混有密闭容器、潮湿废钢、易爆物品(雷管等); 2. 废钢斗中有水	破坏设备,烫伤、烧伤人员	7	1. 废钢料场不能建在露天场地; 2. 废钢入炉前要检查,有违反安全规定的物品要拣出
	铁水处理	镁粉输送气体中含有氧	镁粉系易燃物,在管道输送过程中,输送介质为惰性气体(氮),如果加压罐及喷吹罐中混有氧会发生爆炸	崩伤操作人员和损坏设备	9	1. 系统设泄爆阀; 2. 控制氮气中含氧量
	转炉吹炼过程	氧枪漏水,烟罩漏水	氧枪、烟罩冷却水进入转炉内的钢水中发生爆炸	损坏设备,烫伤工人	6	冶炼开始要检查氧枪烟罩,发现漏水及时检修,更换氧枪
钢水外喷	吹炼过程转炉倒渣取样	吹炼过程氧枪过高,渣中聚积大量FeO	炉子倾转时,渣中FeO与钢中C发生反应产生CO、CO_2,由于反应激烈,钢水喷出炉外	烫伤工人	8	防止吊吹,炉子倾倒时人员避开
	铁水注入转炉	铁水注入太快,炉内留渣太多	转炉出钢时,炉内留下渣太多,渣中FeO高,铁水进入炉中,C与渣中FeO反应激烈,铁水从炉口中喷出	烫伤工人	9	1. 转炉出钢时,转炉内留渣或不留渣; 2. 注铁水时,工人要避开
漏钢烫伤烧伤	转炉吹炼过程	炉衬太薄,炉或局部损坏	1. 炉衬太薄,炉或局部侵蚀过深,冶炼时钢水穿过炉壳,发生漏钢;	损坏设备、造成停产烫伤人员	9	1. 转炉炉龄后期要定期检查炉衬侵蚀情况,损坏严重的要修补或更换转炉内衬; 2. 损坏设备、造成停产烫伤人员
	钢包或铁水包运转阶段	炉衬太薄,炉或局部损坏	1. 由于包衬耐火材料受侵蚀、衬厚度不够或局部侵蚀严重,以至于钢水、铁水漏出; 2. 浇注系统耐火材料炸裂,引起漏钢	烧坏设备,烫伤人员	9	1. 钢包、铁水包使用前要检查内衬完整情况,有问题要更换; 2. 浇注系统耐火材料要始终保持干燥,潮湿的坚决不用
烟尘污染	1. 转炉冶炼 2. 转炉炼钢造渣加料	1. 转炉冶炼时,氧枪喷吹氧与钢水作用生成CO、CO_2、FeO等,FeO是红色烟尘,发生量很大; 2. 转炉炼钢造渣加散料,其中混有大量粉尘	1. 转炉钢水与氧气反应生成大量的FeO烟尘; 2. 造渣加散料过程中大量粉尘飞扬,污染环境	烟尘严重污染环境,对人、牲畜、农作物都有害	16	设置除尘系统,并维护好使其正常运转
	混铁炉及铁水注入倒出	铁水中含有大量的碳,以石墨状态存在,在生产过程中散出	铁水中碳含量高,在铁水倾注过程中,大量碳以石墨形式飞出,污染环境	污染车间环境,影响人体健康及农作物	16	设置除尘系统

事　故	阶　段	触发事件	形成事故原因	影　响	危险程度	控 制 措 施
水污染	除尘及设备冷却,钢渣水淬	冷却水设备、钢渣接触	设备中油污、钢中 FeO、渣中有害元素进入冷却水中,使水污染有毒	影响环境、人体健康及农作物	16	对污染的水进行处理后重复使用,水不得外排
高处坠落	生产过程及检查设备	违反安全规程,高出地面平台没有栏杆或有空洞	1. 违反规程,不遵守安全规程,平台无栏杆,高空作业不系安全带; 2. 平台空洞无盖或未设置标志; 3. 设备部件悬挂不牢固,选材不合格	人员伤亡	10	1. 执行安全规程,高处平台设牢固栏杆,栏杆高度大于 1.1 m,空洞处设置标志; 2. 高空悬挂要规范,选材按标准,设计要考虑高温条件的恶劣环境
物体打击	生产运行过程及设备检查	工具(扳手、锤子)、检修更换件从高空落下	检修工具及更换件,工作完成后未放入工具箱,更换件未取走,吊车行走时工具、更换件掉下砸人	人员伤亡	10	高空作业、检查设备应设标志,禁止下面有人,工作完毕工具、更换件收集归位
吹炼烫伤	生产过程	吹炼过程中转炉倾倒,铁水注入转炉,钢水、钢渣喷出	转炉倾倒,铁水注入均会引起钢渣反应,产生大量气体,而将钢水、铁水喷出,工作人员在炉口附近被烫伤	人员伤亡	10	转炉倾倒时要缓慢,操作人员应避开炉口附近,转炉兑铁水时,人员要避开炉口

4.1.3.5　典型事故案例

(1) 1956 年,华北某钢厂转炉下有积水,出钢时钢水外溢,发生爆炸,当场死 1 人,伤数人。

(2) 1959 年,西北某钢厂转炉喷钢烧死技术员 1 名。

(3) 1965 年,华北某钢厂一炼装渣料卷扬机故障,操作人员上平台排除故障,被钢丝绳崩落入炉坑,造成大腿骨折。

(4) 1972 年,华北某钢厂二炼吊车上掉下角钢插入值班长头部,抢救无效死亡。

(5) 1972 年,西南某钢厂钢渣罐内积水造成爆炸死亡 3 人。

(6) 1972 年,华北某钢厂一炼往转炉内注铁水时铁水喷出,指挥兑铁水工人脸部全部烫伤。

(7) 1972 年,西北某钢厂将炮弹装入炼钢炉内发生爆炸,烫伤工人。

(8) 1992 年,华北某钢厂二炼钢包漏,烧坏大包运转台(价值 100 万元),停产半个月。

(9) 2002 年 9 月,西北某钢厂一炼钢,检修转炉烟罩在高处平台不慎跌入转炉,当场烧死。

4.1.3.6　小结

经以上分析,转炉系统单元可能发生的事故有:爆炸、钢水喷溅、漏钢烫伤烧伤、烟尘污染、水污染、高处坠落、物体打击、吹炼烫伤事故等。

其中,爆炸事故、钢水外喷、漏钢烫伤烧伤事故危险程度为 6~9 级(危险的,会造成人员伤亡或财产损失,是不可接受的危险,要立即采取措施);其他事故可接受程度为 10~16 级(临界的,在事故边缘,暂时不会造成人员伤亡或财产损失,是有控制接受的危险,在应予排除和采取措施的范围)。

事故出现常常是因为违反操作规程、安全规程或自控、监测设施失效或检查不严。因此,建设过程中应严格执行各项操作规程和安全规程以及相应的国家规定的各项规章制度。生产过程中更要严格执行各项操作和安全规程,稍不小心,会酿成大祸,工作中细心,切勿粗心大意。

4.1.3.7 注意事项

（1）转炉烟罩内的无缝钢管一定要注明 20G 钢种，只有用锅炉管才能保证烟罩不易漏水和在高压下工作安全。设计中只注明用无缝管是不够清楚的。

（2）钢包、铁水包满载热金属时，要有固定运行路线，并保证运行路线的地面无水和干燥。

（3）浇注系统耐火材料要存放于干燥房内，保证干燥以免出现耐材炸裂出现漏钢事故。

4.1.4 炉外精炼单元危险、有害因素分析

4.1.4.1 基本情况

与转炉配套的精炼设施一般有 LF、VD 和 RH 精炼炉。LF 一般采用在线式双钢包车，VD 采用固定式双罐位。此外，与此配套的还有燃气锅炉房，内设 VD 专用快速燃气锅炉、空压站、烟气净化、供电和供排水设施等，以适应转炉车间快节奏生产的特点。

LF/VD 装置用于钢水升温、均匀温度、均匀化学成分、合金微调以及钢水脱硫、脱气等操作，这样为扩大品种、提高质量、调节转炉与连铸机之间时间上的配合创造了有利的条件。此外，当连铸机发生临时故障时，可将钢水回炉至 LF 中进行保温加热，待连铸机故障排除后可恢复生产，保证了钢坯连铸的安全生产。

4.1.4.2 炉外精炼工艺简介

A　LF 操作简介

转炉出钢后，钢包由吊车运至精炼跨 LF 待机工位的钢包车上，然后驶向 LF 炉的处理工位。连接氩气软管调节氩气流量和压力对钢水加热，钢水升温速度最高可达 5℃/min，按试样分析结果由计算机计算相关铁合金数量，经微机控制投料系统将合金加入钢水中，完成微调化学成分的工作。由热模型计算确定供电能量和时间，再进行 1～2 次测温取样。当钢水成分和温度达到预置的结果时则断电，提升电极，提升炉盖测温取样，并向钢包中喂入铝丝或硅钙丝。钢包车由 LF 处理工位开出平台外，由吊车将钢包吊到连铸大包回转台或 VD 工位。

B　VD 操作简介

快速蒸汽锅炉为抽真空提供的蒸汽预先准备完毕。经 LF 处理完毕的钢水由吊车将钢包坐入真空罐中，接上氩气管进行吹氩搅拌。真空罐盖车驶于 VD 工位并将下罐盖压紧真空密封圈开始抽真空，并逐级提高真空度。根据上一工序 LF 分析报告，计算机计算确定加入微调合金的种类和数量以保证达到预期的目标值。

钢水在 VD 中处理完毕，在打开真空罐之前，需向真空室充气。为防止真空室内 CO 遇到空气产生爆炸，首先向真空室内充 0.5 min 的氩气，然后再自动打开空气阀门，使之真空内压力与大气平衡。此时可安全提升罐盖和移动罐车并在大气下进行测温、取样、喂丝和吹氩搅拌等作业，VD 处理完毕，由吊车将钢水吊至连铸大包回转台上。

炉外精炼是炼钢工艺路线的重要环节，对协调转炉和连铸机操作，起到举足轻重的作用，是提高钢质量、扩大钢品种、提高企业经济效益必要的技术设施。因此，要求炉外精炼设施具有国际先进水平的生产工艺和装备，确保持续稳定生产，达到先进的提高钢质量、节能降耗、降低成本的技术经济指标。

4.1.4.3 炉外精炼危险、有害因素及控制措施

采用预先危险性分析法，得到炉外精炼危险、有害因素及控制措施如表 4-2 所示。

表 4-2　炉外精炼危险、有害因素及控制措施

事　故	阶　段	触发事件	形成事故原因	影　响	危险程度	控制措施
LF水冷炉盖漏水引起的爆炸	生产运行阶段	水遇到高温突然膨胀产生爆炸	LF水冷炉盖漏水浸湿耐火材料或漏水遇到钢水,则发生爆炸	损坏设备及操作人员	6	1. 严格检查水冷炉盖的水管系统,发现渗漏不得使用并及时修复; 2. LF水冷炉盖水系统应设水温水压监测和自动切断装置,发现漏水立即停止冶炼
VD炉残留CO爆燃	生产阶段在VD处理结束后	·CO达到一定浓度可能会爆燃	VD处理结束后其系统中残留CO在升盖时遇空气达到一定混合浓度时可能产生爆燃	烧坏设备,伤及人员,严重时会发生火灾造成经济损失	9	钢水在VD中处理完毕,在打开真空罐室之前,首先向真空室内充氮20.5 min,然后再自动打开空气的阀门充气,使真空罐内压力与大气平衡才可安全提升罐盖和移动罐盖车
钢包炉滑动水口漏钢	钢包炉被注入钢水后	钢水从滑动水口处漏出,若遇水则发生爆炸	钢包炉的滑动水口处密封不严,滑动水口的滑道间隙过大	损失钢水,损坏设备,遇水爆炸会伤及人员或钢水烫伤人员	11	安装滑动水口前要严格检查滑动水口质量,不合格的不能用,安装时要按操作规程办
电气设备过流时引起火灾,变压器升温后烧毁	电气设备运行中	电气设备故障,超载运行,变压器油温高	1. 电气设备故障或过载、过流; 2. 变压器升温使绝缘水平下降; 3. 油温高,易造成变压器着火	设备烧坏引发火灾,伤及人员	6	1. 定期检查、检修及时排除故障,防止过载、过流; 2. 冷却系统保持正常运行,保证冷却器或油道畅通,无堵塞现象
快速燃气锅炉爆炸	燃气锅炉运行时	违反操作规程,设备出现故障,承压部件泄漏,运行中超温超压	快速燃气锅炉系统属于高温高压操作,设备故障或操作不当则有可能发生爆炸或烫伤人员	承压部件爆炸,大量高温高压水汽喷出造成设备损坏、人员群伤群亡的恶性事故	6	1. 严格遵守快速燃气锅炉的操作规程,设备及时维修,发现故障及时排除,结合维修进行安全性能检查,严防锅炉缺水和超温、超压发生,严禁在水位表数量不足、安全阀解裂的状况下运行; 2. 防止升压速度过快或压力温度失控造成超温、超压现象
机械伤害,高处坠落	操作机械设备时,人员在现场作业或走动时	机械设备操作不当可能发生设备事故或人身伤害	1. 违反机械设备操作规程或操作不当; 2. 操作平台、梯子及沟等处无防护设施可能发生人体坠落	人员伤亡	10	1. 机械设备操作人员必须持证上岗,严格遵守操作规程; 2. 各主要生产设备之间设有必要的安全联锁装置; 3. 所有设备裸露的传动部分设有必要的安全网罩或隔离栏杆; 4. 对操作人员需要跨越的设备,设安全走台或过桥
燃气燃爆	燃气锅炉运行时	燃气泄漏遇火源	1. 燃气嘴回火; 2. 燃气压力不稳定; 3. 仪表故障、操作失误; 4. 遇其他火源	设备损坏,人员伤亡	10	1. 燃气设施必须合格; 2. 按设计选用、安装、测试仪表; 3. 配备熄火自动报警; 4. 有联锁保护装置; 5. 安装可燃气体报警器
触电	运行	人员接触电气设备	1. 设备漏电; 2. 漏电保护器失效; 3. 人员误接触; 4. 检修违章合闸	人员触电	10	1. 电气设施必须合格; 2. 绝缘良好; 3. 安装性能良好的漏电保护器; 4. 按安全用电规程检修
烟尘污染	LF处理过程中	LF处理过程中产生污染	烟尘污染环境	烟尘污染环境,影响健康	16	在相应区域设除尘设施

4.1.4.4 典型事故案例

（1）精炼炉漏钢遇水发生爆炸事故。某钢厂精炼炉底部滑动水口，由于安装误差或滑动水口本身间隙过大，发生了漏钢事故，将一包钢水全部漏完甚至遇积水发生爆炸，导致现场操作人员被钢水烧伤。因此，使用滑动水口前要严格检查质量，间隙过大不能使用；安装时应与钢包严密结合，以防止从接缝处漏钢。这是防止此类事故发生的两个重要措施。

（2）精炼炉变压器烧毁事故。精炼炉变压器因线路故障、过载、过流造成温度升高而烧毁变压器的事故也时有发生。我国东北某钢厂曾因为变压器过载而发生火灾造成设备严重损坏，多人烧伤。其他钢厂也曾有类似事故发生。定期维修线路，保证各仪器仪表正常运转，设置过载、过流保护装置，及时报警等是防止此类事故发生的重要措施。

（3）高处坠落。某钢厂一工人因白天没有很好休息，上夜班时精神不集中，体力不支，在操作过程中不慎从精炼平台上坠落受伤，此类事故在各钢厂时有发生。

炉外精炼平台标高为6.2m，操作人员、维修人员都在平台上作业，平台周围应设有防护栏杆并保持完好。操作人员应提高自身的保护意识，操作时要注意力集中，避开危险区以防止失足坠落。

4.1.4.5 小结

通过预先危险、有害因素分析，炉外精炼单元可能发生的事故有：LF水冷炉盖漏水引起爆炸、VD炉残留CO爆燃、钢包炉滑动水口漏钢、电气设备过流时引发火灾、变压器升温被烧毁、快速燃气锅炉爆炸、机械伤害、高处坠落、燃气爆燃、触电等。

其中LF水冷炉盖漏水引起爆炸、VD炉残留CO爆燃、变压器升温被烧毁的危险可接受程度处于6~9级（危险的，会造成人员伤亡或财产损失，是不可接受的危险，要立即采取措施）的范围；其他事故可接受程度处于10~16级（临界的，在事故边缘，暂时不会造成人员伤亡或财产损失，是有控制接受的危险，应予排除和采取措施）的范围。在日常生产中应切实落实各项安全防范措施，以防各类事故的发生。

4.1.5 连铸机系统危险、有害因素分析

4.1.5.1 工艺流程

A 钢水准备

转炉出钢后，经过LF/VD精炼处理后的钢水包，用吊车吊上钢包回转台。钢包由回转台转到中间包上方，打开钢包滑动水口，钢水流入中间包，当中间包内钢水深度达到浇注要求高度后即可开始浇注。

B 连铸机浇注前的准备

（1）修砌后并在干燥完毕的中间包用浇注跨的吊车运到浇注平台上的中间包车上，再用平台上的烘烤站将中间包烘烤到1100℃，同时中间包也用水口烘烤装置烘烤到1100℃。

（2）浇注平台上的引锭杆小车开到结晶器处，将引锭杆送入结晶器并向浇注方向运行直到引锭头在结晶器内合适位置为止。用石棉绳将引锭头在结晶器内塞紧，并填好冷却用废钢屑。

（3）接通结晶器冷却水、二冷水、压缩空气、设备冷却水、液压、润滑系统，使其处于正常状态。

（4）火焰切割机用焦炉煤气、氧气等能源介质系统处于正常状态。

（5）各操作台、控制箱显示电气系统正常。

C　浇注操作

(1) 经由钢包进入中间包内的钢水,当其液面高度达到规定高度时,打开塞棒,此时钢水通过浸入式水口注入结晶器。

(2) 当钢液在结晶器内上升到规定位置时,启动操作箱上"浇注"按钮,扇形段驱动按预定的起步速度开始拉坯。与此同时,结晶器振动装置、二冷喷淋水、二冷排蒸汽风机自动开始工作。

(3) 当结晶器已凝固成坯壳的铸坯,由引锭杆引离结晶器下口经足辊弯曲段、弧形段往下移动,此时被压缩空气雾化的冷却水直接喷到铸坯上进行冷却。

(4) 弧形的铸坯进入矫直段被矫直,然后进入水平段。

(5) 铸坯出水平段后与引锭杆脱离,引锭杆由引锭杆卷扬装置将其送到浇注平台上的引锭杆小车。

(6) 与引锭杆分离后的连铸坯按拉坯速度进入一次火焰切割机,火焰切割机300 mm 左右长度的切头,掉入下部的切头收集箱内。以后的铸坯按要求的定尺的三倍尺长度切割。

(7) 切割成三倍尺的铸坯经由运输辊道送到二次火焰切割机,在此切割成定尺长度。

(8) 切割成定尺长度的连铸坯通过去毛刺机将铸坯切口处的毛刺去掉。

(9) 铸坯如果直接热送,则直接经由打印辊道、推钢机辊道进入热送辊道送往中厚板轧钢车间。若不直接热送的铸坯则送往打印辊道进行打印。完成打印后依次将三块铸坯送到推钢机辊道。然后由推钢机将其推至垛板台上。

D　出坯及堆存

(1) 直接热送的铸坯经由热送辊道送往中厚板轧钢车间。

(2) 需精整处理和堆存的铸坯由铸机跨的吊车用吊具将垛板台上的铸坯吊至电动平车上,运往出坯跨进行修磨精整,当轧钢车间需要时,再由电动平车送回至铸机跨,通过卸垛台将铸坯送回热送辊道转运到轧钢车间。

4.1.5.2　危险分析及控制措施

连铸机系统危险分析及控制措施如表 4-3 所示。

表 4-3　连铸机系统危险分析及控制措施

事故	阶　段	触发事件	形成事故原因	影　响	危险程度	措　施
爆炸	连铸机浇注时	1. 钢水飞溅或溢钢时遇地面积水; 2. 结晶器内缺水	1. 操作地面有积水; 2. 结晶器内缺水,铜板被高温钢水熔化,冷却水遇钢水发生爆炸	设备损坏,人员伤亡,停产	6	1. 浇注操作区地坪平整并有一定坡度; 2. 设置事故传动、中间包浸入式水口快换及事故闸板等; 3. 应设事故补水设施,一旦发生结晶器缺水,能在短时间内正常供水并维持到一包钢水浇完,以免停产
	钢水流入中间包时或结晶器内注入钢水时	中间包或结晶器有水、潮湿	中间包的内衬烘烤不彻底,结晶器漏水或不干燥	人员伤亡或设备损坏	6	1. 中间包烘烤充分,结晶器内要保持干燥; 2. 发现结晶器漏水,及时更换结晶器
	铸坯出结晶器漏钢时	结晶器漏钢遇水	保护渣性能差、拉坯速度变化频繁或拉速太快	人员伤亡或设备损坏	6	1. 用软化冷却水; 2. 置漏钢报警系统; 3. 性能良好的保护渣; 4. 拉速稳定

事故	阶段	触发事件	形成事故原因	影响	危险程度	措施
电焊气割火灾爆炸	连铸机检修焊接、气割时	红热焊条头、火星、熔珠和熔渣等飞溅	作业区存在易燃易爆物质	人员伤亡或设备损坏	6	1. 在焊接作业区10m范围内,不得放置易燃易爆物质; 2. 在易燃气体管道、容器内施焊前,应排除易燃、易爆气体,经检查确认没有易燃、易爆及有害气体方能进入焊接; 3. 管道、容器焊接时,打开端盖及所有进出孔; 4. 作业场地备有消防器材及设施,一旦发生火情,首先切断电源
灼伤	连铸机检修焊接、气割时	电弧光辐射、合闸红热焊条头、火星、熔珠和熔渣等及合闸飞弧	1. 未使用面罩或面罩漏光; 2. 作业区未隔离,近旁有人; 3. 焊工颈部、手臂、脚踝外露; 4. 清渣时,药皮飞溅	人员烧伤	10	1. 焊工劳动防护用品必须穿戴整齐,检查护目镜是否夹紧,防止漏光; 2. 作业区采取隔离措施,防止伤害周围人员; 3. 高空作业时,应防止飞溅及焊接头伤害下面人员; 4. 高压开关应在无负荷条件下拉闸,且应侧面操作
触电	连铸机检修焊接、气割时	电击或电击后坠落	1. 高压线塔误接触、输入线裸露误接触、焊机漏电,外壳带电; 2. 焊把绝缘损坏,电缆绝缘损坏; 3. 焊工过度疲劳,出汗过多,工作服潮湿导致身体导电	人员伤亡	10	1. 一次侧电缆长度不宜过长; 2. 焊机外壳可靠接地或接零; 3. 焊接电缆和钳把可靠绝缘; 4. 安装防电击开关; 5. 加强焊机维修、保养,加强个人防护; 6. 容器内作业,应注意身体与工件绝缘,并设专人监护; 7. 高空作业要系上安全带,电缆不得缠在身上
中毒	连铸机检修焊接、气割时	焊接烟尘、有害气体	1. 工作场所通风不良; 2. 焊接烟尘及有害气体超标	人员伤亡	11	1. 通风、排尘,特别在容器内施焊,必须向容器内输送新鲜空气; 2. 采用低毒、低尘焊条; 3. 加强个人防护
起重机伤害	吊运钢包等设备时	起重机链条断裂或吊运钢包与人或其他设备相撞	1. 起重机未及时维修,吊具有缺陷; 2. 吊运钢包与其他设备距离太近	人员伤亡或财产损失	10	1. 定期维修起重机及附属设备; 2. 吊运钢包与其他设备保持安全距离
人员吸入粉尘患尘肺病	浇注过程和中间包内衬整修	连铸结晶器加保护渣及中间包修砌翻罐头时	保护渣或罐内材料被扬起所产生的烟尘	患尘肺病	14	1. 采取一定的除尘措施,减少粉尘污染; 2. 人员配备防尘口罩等

4.1.5.3 典型事故案例

(1)吊钢包的钢丝绳断裂。20世纪80年代上海某钢厂二炼钢车间,吊钢包的钢丝绳突然断裂,十几吨的钢水从空中泼下,钢水四溅,平台操作人员躲闪不及,造成多人烧伤。

(2)20世纪90年代上海某钢厂板坯车间结晶器出口处铸坯破裂造成严重漏钢,泄漏的钢水遇到二冷水发生爆炸,造成多人受伤,设备损坏及停工、停产等。

　　（3）某钢铁厂车间因工人违章操作造成结晶器溢钢,钢水从结晶器上口溢出,顺结晶器四周往下流,遇水发生爆炸,造成连铸机设备严重损坏,停产、停工检修。连铸机上经常发生溢钢事故,也有因为中间包塞棒关闭不严无法控制钢流大小而造成溢钢事故发生的。

　　（4）某钢厂板坯连铸机宽面板与窄面板接缝处残留少量水,在钢水注入结晶器时发生爆炸,造成结晶器损坏,停工、停产。

　　（5）某钢厂浇注结束,往结晶器内喷水封顶,在连接浇注时钢水进入结晶器与水接触发生爆炸。

　　（6）某钢厂钢包内衬局部侵蚀严重,浇注时,钢水从包壁处漏出,浇坏钢包回转台,损失价值百万元,并停产数天。

　　（7）某钢厂钢包内衬滑动水口失灵,钢流关不住,回转台失灵,中间包钢水溢出,流入平台及二冷区,烧坏二冷区扇形段及电控系统,损失价值近千万元,停产十天,损失巨大。

4.1.5.4　小结

　　连铸机单元主要的事故有:爆炸、电焊气割火灾爆炸、灼伤、触电、中毒、起重机伤害及人员吸入粉尘等。

　　其中,爆炸事故及电焊气割火灾爆炸事故的危险程度范围为6~9级(危险的,会造成人员伤亡或财产损失,是不可接受的危险,要立即采取措施);其他事故可接受程度处于10~16级之间(临界的,处于事故状态边缘,暂时不会造成人员伤亡或财产损失,是有控制接受的危险,应予排除和采取措施)。

4.2　风险评价

4.2.1　风险评价的方法

　　风险评价的方法有直接评价法、MES 法和 MS 法。

　　凡有下列情况之一的,可用直接评价法判定为重大风险:

　　（1）对于违反国家职业健康安全有关法律、法规及其他要求中硬性指标规定的,或属于组织性行为且涉及的范围较大、后果较为严重的其他违规;

　　（2）近 3 年发生过重伤、死亡、重大财产损失（30 万元以上）1 次或轻伤、非重大财产损失（30 万元以下）3 次以上,至今未采取有效防范控制措施,仍有可能发生事故的。

　　除上述情况外,人身伤害事故采用 MES 法进行评价,单纯财产损失事故采用 MS 法进行评价。

　　MES 法的分级数值如表 4-4 ~ 表 4-6 所示。

表 4-4　控制措施的状态（M）

分数值	控制措施(包括体系文件、防护措施、警示装置等)
5	无控制措施
3	有减轻后果的应急措施,包括警报系统、个体防护用品等
1	有预防措施、控制文件,如机电防护装置,但须保证有效

表 4-5　人员暴露时间（E）

分数值	人员暴露于危险环境的频繁程度(时间)
10	连续暴露(如 8 h 不离岗)
6	每天工作时间内暴露(如每日到某岗位几次)
3	每周一次,或偶然暴露
2	每月一次暴露
1	每年几次暴露
0.5	更少的暴露

表4-6 事故的可能后果(S)

分数值	可能的后果			
	伤 害	职业相关病症	设备、财产损失/元	环境影响
10	有多人死亡		>1亿	有重大环境影响的不可控排放
8	有1人死亡	职业病(多人)	1000万~1亿	有中等环境影响的不可控排放
4	永久失能	职业病(1人)	100万~1000万	有较轻环境影响的不可控排放
2	需医院治疗,缺工	职业性多发病	10万~100万	有局部环境影响的可控排放
1	轻微,仅需急救	身体不适	<10万	无环境影响

风险程度(R)见表4-7、表4-8。

表4-7 人身伤害事故R值

R = MES	风险程度(等级)
>180	一级
90~150	二级
50~80	三级
20~48	四级
<18	五级

表4-8 单纯财产损失事故R值

R = MS	风险程度(等级)
30~50	一级
20~24	二级
8~12	三级
4~6	四级
≤3	五级

最终确定危险源登记表见表4-9。

表4-9 危险源登记表

序号	危险源名称	涉及作业活动	所属区域	可能的事故	风险级别	控制措施	备 注

4.2.2 风险控制策划

对风险的控制策划可按如下顺序选择控制措施:

(1)优先考虑消除风险(如技术、工艺改造);

(2)其次考虑降低风险(如增设安全监控、报警、联锁装置或隔离措施);

(3)再次考虑采用个体防护装置或安全教育。

依据风险级别按下述要求策划控制措施:

(1)一级风险。立即采取"紧急措施"降低风险,否则停止工作,并制定"目标-管理方案",优先实施降低或消除风险;属于经常性或周期性工作,且不需投资解决的,采用"运行控制",制定或完善程序文件或作业指导书。

(2)二级风险。需上硬件设施或加强培训的,立即制定"目标-管理方案";若以前无规定或规定不充分要采用"运行控制",制定或完善程序文件或作业指导书;工作正在进行时应制定"应急措施"。

(3)三级风险。采用"运行控制",制定或完善程序文件或作业指导书;需上硬件设施,制定

"目标－管理方案";若现条件不具备应制定临时措施并考虑长远措施;若是规定很充分,需加强培训,严格"遵守规定",并监测执行情况。

（4）四级风险。属个别人不安全行为需"遵守规定",但需监测遵守的有效性;属于物的不安全状态、环境的不安全因素、管理的缺陷需进行整改。

（5）五级风险。按原控制措施进行控制即可;需整改的现场安排整改即可;可忽略的,不必列入《危险源登记表》。

各单位在进行危险源辨识和更新的过程中,在注意风险降级或消除过程中相关证据保留的同时,要确定本单位危险源控制过程中关注的重点。例如,本单位无三级以上风险,则要将四级风险作为控制重点,采用管理方案或运行控制的方法将风险降级直至消除,并留下相应证据。依此类推。

4.3　炼钢厂主要岗位危险源辨识、风险评价及控制措施

以某炼钢厂为例,主要危险源有385项,风险程度均是四级以上,都处于可控制状态,见表4-10。

表4-10　某炼钢厂主要岗位危险源辨识与控制措施

岗位	作业步骤	伤害类别	可能发生伤害的原因	控制措施
炼钢炉长	转炉的补炉及喷补	灼烫	1. 补炉、喷补烧结时间不足; 2. 倒炉或出钢时喷溅伤人	1. 严格执行转炉维护标准,控制好烧结时间; 2. 倒炉或出钢时禁止他人从炉口前经过或停留
	配合摇炉工装料操作	灼烫	装料过程中喷溅伤人或坠物伤人	装料过程中,禁止他人从炉前经过或停留
	出钢过程中,向钢包中投料	灼烫	向钢包内加料喷溅伤人	向钢包内加料时,应先向其他人员提示及确认安全
	进入24 m平台清理氧枪(口)、(副枪)口粘钢、粘渣	煤气中毒、灼烫、摔倒、砸伤	1. 进入18 m、24 m平台煤气中毒; 2. 使用氧气胶管时回火伤人; 3. 站立不稳或脚下有积渣,摔倒伤人; 4. 钢钎等工具伤人	1. 清理氧枪(口)、(副枪)口粘钢、粘渣时,必须两人以上操作,并携带煤气报警仪; 2. 氧气胶管接头绑扎牢靠,严禁漏气; 3. 正确站位,及时清理脚下积渣; 4. 钢钎等工具平放
	指挥套补出钢口	挤伤、砸伤、灼烫	1. 套补出钢口时挤伤,烟道渣砸伤; 2. 扩孔机伸缩臂下滑、伤人; 3. 烧氧管烧出钢口粘钢,钢渣伤人	1. 严格执行安全确认制,套出钢口前先用氮气吹扫烟道; 2. 扩孔机伸缩臂下严禁站人; 3. 戴防护面具、侧身站立
炼钢主控工	操作氧枪	爆炸	氧枪坠落,氧枪漏水,引起爆炸伤人	1. 合理控制枪速,若发现枪速异常,应立即启动"非常停止"和"紧急提枪",若"非常停止"失灵,氧枪坠底时,要确认炉内无水后方可提枪动炉; 2. 操作氧枪时,严格执行安全确认制
	操作副枪进行检测	爆炸	副枪坠落,副枪漏水,引起爆炸伤人	1. 若发现枪速异常应立即启动"事故状态"或"紧急停止",若"紧急停止"失灵,副枪坠底时,要确认炉内无水后方可提枪动炉; 2. 操作副枪时,严格执行安全确认制

岗位	作业步骤	伤害类别	可能发生伤害的原因	控 制 措 施
炼钢主控工	转炉吹炼	灼 烫	吹炼中发生喷溅伤人	1. 转炉吹炼时,严格执行工艺技术规程; 2. 吹炼过程中,挡火门不准打开
	更换氧枪	挤伤、砸伤	横移换枪时,挤伤人或氧枪积渣坠落伤人	1. 横移换枪时,应提前确认安全后,再操作; 2. 横移过程中,氧枪下面不准站人
	开关炉前挡火门、卷帘门	挤 伤	开关门时挤伤人,挡火门掉道	1. 开关门时确认无人站在挡火门或卷帘门旁; 2. 确认道轨周围无积渣
摇炉工	装废钢	灼烫、砸伤	1. 废钢潮湿或带有密闭容器导致兑铁时铁水外喷伤人; 2. 废钢散落伤人	1. 装废钢前应先检查废钢,若废钢潮湿,加入废钢后先将炉子向出钢位摇一下,使水分蒸发完; 2. 装料过程中,确认120°扇形面内无人方可倾炉; 3. 与天车工密切配合,避免废钢散落
	兑铁水	灼 烫	1. 炉内渣倒不干净,装铁水时喷溅伤人; 2. 装铁时洒铁水伤人; 3. 吊环、钩头断裂洒铁伤人	1. 倒炉渣时必须倒净,不得存留; 2. 装料过程中,确认120°扇形面内无人方可倾炉; 3. 铁包嘴有积渣,及时通知生产车间进行清理; 4. 起吊前认真检查吊环、钩头,确认吊具安全
	开关炉后挡火门	挤 伤	开关门时挤伤人	开关门时确认无人站在挡火门旁
	倒渣操作	灼 烫	1. 倒渣时不关挡火门,喷溅伤人; 2. 倒渣时因炉坑、渣斗、渣罐积水放炮溅渣伤人	1. 严格执行炉前挡火门开关制度; 2. 倒渣时,应确认炉坑内无积水、积冰,渣罐、渣斗干燥
	出钢操作	灼 烫	1. 出钢时不关挡火门,喷溅伤人; 2. 出钢时,泼钢伤人	1. 严格执行炉后挡火门开关制度; 2. 出钢过程中,炉下严禁站人,严禁人从炉口前经过
	设备点检	煤气中毒	进入18.35 m、24 m平台煤气中毒	进入煤气区工作,必须两人以上,并携带煤气报警仪
	起吊重物	挤伤、砸伤	1. 钩头、钢丝绳挤伤人; 2. 重物坠落伤人	1. 挂钩头时动作要快,起吊时严禁手扶、脚蹬钢丝绳; 2. 重物下严禁站人或人员经过
	挡渣操作	灼 烫	挡渣时,钢渣外喷伤人	挡渣棒使用前确认干燥、无裂缝
合金工	小量合金的运输及管理	砸伤、撞伤	运输块状、袋装合金时,叉车伤人或撞伤人员	1. 运输合金前先检查叉车是否正常,清除道路障碍物; 2. 必须专人开叉车,严格按规程操作
	小量合金加入钢包	灼 烫	加小量合金时溅出钢水伤人	加小量合金应先提醒其他人员及时躲避

岗位	作业步骤	伤害类别	可能发生伤害的原因	控 制 措 施
合金工	CAS 站喂线	挤 伤	更换丝线时挤伤手	1. 更换丝线时必须停机,机械运转时,严禁用手拉喂丝线; 2. 喂线时出现卡线或其他异常情况应立即停机处理
	加保温剂	灼 烫	加保温剂时溅出钢水伤人	加保温剂时应及时提醒他人,确认无人在钢包周围
	吊运覆盖剂或丝线	挤伤、砸伤	1. 钩头、钢丝绳挤伤人; 2. 重物坠落伤人	1. 挂钩头时动作要快,起吊时侧扶手托,严禁脚蹬钢丝绳; 2. 重物下严禁站人或人员经过
炼钢操作工	测温、取样	灼烫、砸伤	1. 测温、取样时炉内沸腾严重,火焰外喷伤人; 2. 炉口积渣脱落,溅渣伤人; 3. 副枪探头坠落伤人	1. 测温、取样要在挡火门关好后,待炉内平稳后方可进行,测温时脸要向外,防止喷渣伤人; 2. 出现炉口喷溅或火焰外喷时,应立即向左后侧快速躲避; 3. 及时清理炉口积渣; 4. 穿戴好劳保护品; 5. 副枪探头溜槽下禁止站人
	送 样	灼 烫	送样过程中,试样烫伤	禁止用手接触热试样
	氧枪、副枪维护	砸伤、煤气中毒	1. 氧枪、副枪粘钢、粘渣坠落伤人; 2. 进入 18.35 m 或 24 m 平台煤气中毒	1. 清理氧枪(口)、副枪(口)粘钢、粘渣时,不准在其正下方站立; 2. 进入煤气区工作,必须两人以上,并携带煤气报警仪
	处理料仓卡料	摔伤、煤气中毒	1. 照明不良,容易摔伤; 2. 进入 18.35 m 或 24 m 平台煤气中毒	1. 保持现场照明良好; 2. 进入煤气区工作,必须两人以上,并携带煤气报警仪
转炉平车工	烘烤钢包	煤气中毒、爆炸	1. 煤气管道阀门泄漏造成煤气中毒; 2. 点燃煤气时,不按规程操作引起煤气爆炸伤人	1. 使用前检查是否有煤气泄漏点; 2. 严格执行钢包烘烤操作规程,先点燃火种,后开煤气; 3. 禁止在烘包区停留
	操作钢包车	灼 烫	1. 出钢时,钢渣外溅伤人; 2. 钢包窜钢伤人	1. 出钢完毕后才能开动钢包车,出钢过程中道轨两侧禁止站人; 2. 密切注意钢包状况,发现钢包窜钢,及时提醒别人躲避,同时将钢包车开至炉下事故坑
	指挥钢包起吊	灼 烫	钢水、钢渣溅出伤人	钢包起吊时远离钢包周围
	清理钢包车	灼烫、摔伤	1. 热钢渣伤人; 2. 从钢包车上掉下、摔伤	1. 待钢渣冷却后清理; 2. 确认站稳,正确使用工具
精炼班长	指挥天车吊物、挂钢丝绳	灼烫、挤伤	1. 钢包内钢水翻出伤人; 2. 挤手、碰撞、压脚	1. 指挥天车手势准确、口令清晰,同时不要靠近钢包; 2. 确认吊具完好无损,起吊时侧扶、手托,严禁脚蹬钢丝绳
	接、换电极	挤 伤	电极滑落、挤手、碰撞伤人	接换电极时,一人指挥天车,同时监护,一人操作

岗位	作业步骤	伤害类别	可能发生伤害的原因	控制措施
精炼班长	处理事故电极	灼烫	钢渣飞溅伤人	处理事故电极时,应在事故夹钳夹紧电极后,再起吊
	测温、取样	灼烫、摔伤、碰伤	1. 测温、取样时钢渣飞溅伤人; 2. 滑倒、碰伤	1. 戴好面具,穿绝缘鞋,严格按规程操作; 2. 行走踏稳梯板,注意周围环境
	处理上料系统事故	摔伤、碰伤	滑倒、碰伤	行走踏稳梯板,注意周围环境
	清理真空罐积渣	窒息、碰伤	1. CO、N_2窒息; 2. 吊物伤人	1. 专人负责指挥天车吊物; 2. 严格执行安全规程
	更换喂丝线	挤伤、摔伤	1. 挤手伤人; 2. 摔伤	1. 在喂丝机平台操作时,必须系安全带; 2. 严格执行相关安全规程
精炼主控工	停、送电	电伤	1. 触电; 2. 电流过大,损坏电极	1. 严格执行停送电制度; 2. 严格执行工艺技术操作规程
	升、降电极和炉盖	灼烫	折断电极	1. 保证电极的极心圆,炉盖下沿不粘钢,炉盖不偏、不下垂; 2. 提升炉盖时,确认下料管内无卡料; 3. 专人负责指挥提升炉盖
	开、关观察孔门	灼烫	钢渣飞溅伤人	开、关观察孔门前确认观察门周围无操作人员
	开启各级真空泵及底吹氩气阀门	灼烫	钢渣飞溅伤人	氩气压力应逐渐增加并随时调整
	破真空	爆炸	VD罐爆炸伤人	必须保证半分钟以上的充N_2破真空时间
	点检设备	摔伤、碰伤	点检过程中摔伤、碰伤	行走踏稳梯板,注意周围环境
精炼操作工	开钢包车、指挥天车吊物、挂钢丝绳	灼烫、挤伤	1. 钢包内钢水翻出伤人; 2. 挤手、碰撞、压脚	1. 开钢包车要稳,指挥天车手势准确、口令清晰,钢包周围不准站人; 2. 确认吊具完好无损,起吊时侧扶、手托,严禁脚蹬钢丝绳
	测温、取样、喂线	灼烫、碰伤、挤伤、划伤	1. 钢渣飞溅伤人; 2. 滑倒、碰伤; 3. 挤手、划伤	1. 戴好面具,穿绝缘鞋,严格按规程操作; 2. 行走踏稳梯板,注意周围环境; 3. 严禁在运转中处理喂线机卡线
	接、换电极	挤伤、碰伤	电极滑落、挤手、碰撞伤人	更换电极时,一人指挥天车同时监护,一人操作
	处理事故电极	灼烫	钢渣飞溅伤人	处理事故电极时,应在事故夹钳夹紧电极后,再起吊
	清理VD罐内及炉下积渣	窒息、砸伤	1. 积渣落下伤人; 2. CO、N_2窒息; 3. 吊物伤人	1. 注意观察积渣情况,对松动的积渣进行处理; 2. 专人负责指挥天车吊物; 3. 严格执行相关安全规程
	处理上料系统事故	摔伤、碰伤	滑倒、碰伤	行走踏稳梯板,注意周围环境
	保持锅炉稳定运行	灼烫	操作不正常易引起烧伤、烫伤	1. 锅炉不得超温、超压运行; 2. 增减负荷时,速度不宜过快; 3. 尽量避免炉内温度、压力波动过大

岗位	作业步骤	伤害类别	可能发生伤害的原因	控　制　措　施
连铸机工长	设备检查	挤伤、砸伤	设备运转不正常,造成生产事故伤人	认真检查设备并确认
	煤气使用	烧伤、中毒	煤气泄漏引起中毒和火灾	煤气泄漏时组织有关人员处理,观察中包要带煤气报警仪
	非重复作业	挤伤、砸伤	非重复作业不辨识、不制定防范措施	非重复作业时要组织进行危险辨识,制定防范措施,填卡作业
	观察大、中包	烫伤、烧伤	窜包造成烧伤、烫伤	浇铸过程中发生大、中包窜包,视情况决定是否停浇
	冻坯处理	挤伤、砸伤	处理冻坯时站位不当	严格按冻坯处理预案组织执行
	顶岗作业	挤伤、烫伤	顶岗作业操作不当挤伤、烫伤	顶岗作业时严格按此岗位规程操作
	异常情况处理	挤伤、烫伤	异常情况指挥处理不周造成事故伤人	异常情况指挥处理要果断,在保证人的安全情况下处理故障
连铸大包工	开机前检查设备	砸伤、挤伤	设备运转不正常造成生产事故伤人	严格按照制度点检设备,确认正常方可操作
	油缸动作	烧伤	油缸、油管、接头漏油着火烧伤	油污清理干净,发现漏油及时处理
	工具材料检查	烫伤	工具、材料潮湿造成放炮伤人	工具、原材料必须干燥
	长水口对中	烫伤	大包开浇时,对不准中包受钢口,钢水溅出伤人	确认对中后再开浇
	烧氧	烧伤	烧氧、烧冷钢不戴皮手套、面罩,手握在连接处回火烧伤	烧氧要戴皮手套、面罩,手不准握在连接处并要绑扎牢固
	摘挂长水口	烫伤	确认站位不当,钢水溢出烫伤	确认站位正确,戴好面罩
	观察大、中包	烫伤	大包、中包窜包伤人	发现大包、中包壁发红,立即采取措施处理
	测温、取样、加钙铁粉	烫伤	测温、取样、加覆盖剂钙铁粉溅出钢水伤人	作业时通知周围人员注意躲避,加钙铁粉时不要集中加入,要分散加入
	吊运	烫伤、挤伤、砸伤	1. 吊运液体中包、渣斗溅出钢渣伤人,吊塞棒机构砸伤、挤伤; 2. 摘、挂钢丝绳挤伤	1. 严禁吊运液面未凝固的中包、渣斗; 2. 指挥天车手势、哨音规范,站位正确; 3. 吊挂塞棒机构要确认完好、指挥点动上升并注意周围人员安全,机构挂到中包上紧固螺栓后方可摘下吊具
	接收钢包	烫伤	坐包不正钢渣溢出烫伤	天车指令正确,确认钢包位置正确
连铸平台主控工	开机前检查	烫伤、砸伤	设备运转不正常,造成生产事故伤人	开机前认真检查设备并确认
	停机检修挂牌	挤伤	停机检修未挂牌,误操作启动设备伤人	严格执行停机挂牌制度,做好安全监护并做好记录
	报话	挤伤、烫伤	报话吐字不清晰,信息传达不及时,造成误操作伤人	及时将有关信息准确无误地传达到每个岗位
	停、送水	烫伤	停、送水联系不当管道阀门泄漏,事故水下来造成事故伤人	停、送水要联系确认好,管道、阀门无泄漏,阀门开关状态正确
	上引锭	挤伤	检修未摘牌,与切割联系确认不当,上引锭挤伤	通知上引锭前确认摘牌,通知切割确认无误后方可上引锭

岗位	作业步骤	伤害类别	可能发生伤害的原因	控制措施
连铸平台主控工	远程操作设备	挤伤	远程启动设备确认不当伤人	远程启动设备时,机旁必须有人确认后方可操作
	清理卫生	触电	用湿布擦控制台面,易触电	严禁用湿布擦控制台面
连铸中包工	钢包车升降、开钢包车指挥天车吊物、挂钢丝绳	灼烫、挤伤	1. 钢包内钢水翻出伤人; 2. 挤手、碰撞、压脚	1. 开钢包车、升降钢包要稳,注意钢水外溢; 2. 指挥天车手势准确,口令清晰,钢包周围不准站人; 3. 确认吊具完好无损,起吊时侧扶手托,严禁脚蹬钢丝绳
	停、送电	电伤、机械伤害	误操作引起的触电机械伤害	1. 严格执行停、送电制度; 2. 严格执行工艺技术操作规程
	测温、取样、喂丝	灼烫、碰伤、挤伤、划伤	1. 钢渣飞溅伤人; 2. 滑倒、碰伤、挤手	1. 戴好面具,穿绝缘鞋,严格按规程操作; 2. 严禁在运转中处理喂丝机卡线
	处理真空泄漏、上料系统事故	滑倒、碰伤	处理过程中摔伤、碰伤	行车踏稳梯板,注意周围环境
	移槽、热变管及更换气囊	灼烫、机械伤害	1. 火焰灼烫; 2. 落物砸伤	1. 盖好防热盖; 2. 保持安全距离
	开启各级真空泵及底吹氩气阀门	灼烫	钢渣飞溅伤人	氩气压力应逐渐增加并随时调整
连铸切割工	开机前检查	挤伤	各种电器限位失灵启动伤人	严格按程序操作点检设备
	上、脱引锭	砸伤、挤伤	1. 引锭脱不开,打事故销挤伤; 2. 卷扬失灵,引锭链坠落砸伤; 3. 上引锭时运行方向有人挤伤	1. 收引锭卷扬下方严禁站人; 2. 打事故销站位准确; 3. 上引锭前确认运行方向无人
	检修辊道	挤伤	确认不当、误操作挤伤	切断电源和液压油路并挂牌
	割枪割炬	烧伤	回火、煤气泄漏烧伤	割枪割炬使用前认真检查确认
	清渣	砸伤	清理地沟积渣,挂不牢砸伤	渣块挂牢,站位准确
	装废钢上车	砸伤	废钢坠落伤人	装车由专人指挥,站位准确
	去毛刺	烫伤	毛刺飞出伤人	去毛刺机工作时严禁靠近
	打号机、推钢机、垛卸板台、横移台车	挤伤	打号机、推钢机、垛卸板台、横移台车动作时挤伤	远离设备动作区
	开关各种水阀门	烫伤	联系确认不当造成事故伤人	开关阀门要联系确认好
	煤气	中毒、火灾	煤气点阀箱、阀门等泄漏引起中毒、火灾	煤气泄漏及时通知有关人员处理

岗位	作业步骤	伤害类别	可能发生伤害的原因	控 制 措 施
连铸切割主控工	开机前检查	烫伤、砸伤	设备运转不正常,造成生产事故伤人	开机前认真检查设备并确认
	停机挂牌	挤伤	检修未挂牌,误操作启动设备伤人	严格执行停机挂牌制度,做好安全监护并做好记录
	信息传递	挤伤、烫伤	信息传达不及时和错误,造成误操作伤人	及时将有关信息传达到每个岗位,准确无误
	操作辊道、横移辊道	挤伤、烫伤	操作辊道、横移辊道时未确认造成挤伤、烫伤	操作辊道、横移辊道前要确认是否有人或障碍物
	调试、远程操作设备	挤伤	调试切割车、辊道及远程启动设备确认不当伤人	调试、远程启动设备要与机旁人员联系确认好
	清理卫生	触电	用湿布擦控制台面,易触电	严禁用湿布擦控制台面
连铸快换维修工	码垛	砸伤	铸坯摆放不整齐,滑落砸伤	铸坯平坦放置,方向一致,摆放整齐
	吊运铸坯	砸伤	铸坯掉下砸伤	使用专用吊具,站在安全位置
	使用割炬	烧伤	漏煤气,回火烧伤	带子不准漏气,使用前检查射吸力正常,戴防护镜、皮手套
	观察铸坯	烫伤、砸伤	观察铸坯质量造成烫伤、砸伤	必须将铸坯翻个后观察,严禁吊起铸坯观察
	使用悬臂吊	挤伤、碰伤	确认不当造成挤伤、碰伤	使用前确认各种动作正常,起吊时悬臂下严禁站人
	使用消防水龙头	砸伤	水龙头跳跃砸伤	阀门缓慢开启且关闭前禁止松手,开关时要呼应确认
炉下清渣渣场工	接渣	烧伤、触电	1. 倒渣时人员离得近,红渣飞溅烧伤; 2. 热渣烧坏电缆线,带电电缆打水,发生漏电	1. 接渣作业,特别是炉坑潮湿时,人员要躲在安全的位置; 2. 及时检查、包扎电缆,严禁带电打水
	吊运渣斗、渣罐	烧伤、爆炸	1. 吊运渣斗时,确认不好,造成渣斗的倾翻; 2. 渣罐支臂与前方支柱吻合不良,渣罐倾翻造成放炮伤人	1. 确认吊钩挂牢后方可指挥起吊,在平整、干燥处挂二钩子; 2. 派专人指挥确认,渣罐支臂与前方支柱完全吻合,方可指挥提升
	倒渣作业	砸伤、烫伤	1. 倒渣时地面有水造成爆炸,红渣飞溅烫伤人员; 2. 砸渣时,溅起渣块伤人	1. 铺垫底渣时要均匀,场地有水必须事先处理,确认倒渣场地无水; 2. 指挥人员反复确认周围的人员车辆都安全,方可指挥砸渣
	炉下清渣	砸伤、烫伤	炉口掉渣砸伤、烫伤人员	1. 进入炉下清渣,及时联系调度及炉前操作工,并且反复确认上下的状态安全,派专人监护,方可进入; 2. 人员清渣,必须在斜坡板下进行
摇罐工	点检机电设备	摔伤	点检人员从走梯上摔下,从倒铁口摔下造成摔伤	点检设备时,挂上禁动牌,严格遵守操作确认制度

岗位	作业步骤	伤害类别	可能发生伤害的原因	控 制 措 施
摇罐工	摇罐倒铁	触电、烧伤	1. 叉接电源插头,插头带电,发生触电伤害; 2. 摇罐倒铁,铁流过大或鱼雷罐出铁口没有对准铁包口,形成铁水飞溅烧伤附近人员; 3. 倒铁完毕,复位过程,人员离开,鱼雷罐反转洒铁,附近人员烧烫伤	1. 叉接电源之前,一定要反复确认电源开关处于关闭状态; 2. 摇罐前鸣铃示警,并观察出铁口附近无人员,地面人员要反复确认罐口和包口对准,摇罐时动作要慢、要稳,及时通过对讲联系确认; 3. 鱼雷罐复位过程,人员严禁离开岗位,鱼雷罐回到零位后方可断电离开
	测温、取样、倒铁口维护	烧烫伤、摔伤	1. 测温、取样时,动作不协调,造成烫伤; 2. 维护倒铁口时,人员站立不稳滑倒、下落摔伤	1. 测温取样时,要确认周围的环境无障碍物,动作严禁过猛、过大; 2. 维护倒铁口时,要两人以上,反复确认,动作轻、稳
	清理卫生	轧伤、触电	1. 清理坑内卫生时动车,轧伤附近人员; 2. 清理卫生时,电源箱体附近喷水,造成触电	1. 坑内清理卫生,严格执行"三方挂牌"制度,互相监督、监护; 2. 清理卫生时,电源箱附近,严禁喷水,严禁用湿抹布擦拭
钢铁包修砌工	准备修砌材料,检查工器具	砸 伤	耐材准备时,放置不稳,掉落砸伤人员	严格按照标准化的要求操作,物料放置有序,准备工作互相监督
	钢铁包坐包入坑	挤 伤	包坑中有人,放包时挤伤人员	放包入坑时,包坑内部严禁有人
	钢铁包修砌	摔伤、砸伤、挤伤	1. 进出钢铁包时手扶不稳下落;爬梯带焊时人员下落;人员站在吊起的转盘上下钢铁包不慎坠落造成摔伤; 2. 从头顶上吊运耐材,超载使用钢丝绳断或耐材滑落砸伤人员;向钢铁包中扔东西砸伤人员; 3. 向包外吊运废钢,使用钢丝绳,指挥不当,钢丝绳挤手; 4. 使用搅拌机时,向旋转的搅拌机内伸手,挤伤	1. 认真检查爬梯是否开焊,如有问题及时处理,严禁带病作业;上下爬梯要扶牢抓紧,确认好;严禁在吊起的砖盘上站立、上下; 2. 向钢铁包内吊运耐材时,包内的人员必须出来,严禁在人员头顶上吊物;严禁向包内乱扔东西; 3. 在包内吊挂废钢,必须有专人指挥并做好确认,包内人员出来后方可指挥起吊; 4. 严禁向旋转的搅拌机内伸手或站在搅拌机内
	清理现场	砸伤、挤伤	1. 吊起的垃圾斗中重物落下,砸伤人员; 2. 吊挂垃圾斗时,指挥不当,挤伤操作人员的手	1. 垃圾装车垃圾斗翻斗时,必须保证四周无人,专人指挥; 2. 吊挂垃圾斗必须专人指挥,指挥时首先确认好,方可起吊
钢包整体浇注工	检查设备及工器具	触电	搅拌机等机电设备电缆漏电,发生触电	机电设备使用前仔细点检,发现问题,找专人处理,严禁带病作业
	搅拌料吊入料仓搅拌	挤 伤	吊运搅拌料时,钢丝绳挤伤手	吊运搅拌料时,专人指挥,确认操作
	倒入包内震动成型	摔 伤	站在操作台上操作,站立不稳,人员坠落摔伤	站在操作台上操作时,精力集中,防止动作过猛,同时操作台上保持整洁无杂物
	清理搅拌机粘料	挤 伤	清理搅拌机时,搅拌机忽然转动,挤伤人员	清理搅拌机时,一定严格执行停电挂牌制度

岗位	作业步骤	伤害类别	可能发生伤害的原因	控 制 措 施
KR铁水预处理	设备点检	触电、摔伤、坠落	1. 电缆破损、开关缺损,发生漏电,人员接触发生触电; 2. 上下爬梯过快,造成摔伤; 3. 高处平台点检时,周围栏杆焊接处开焊,发生坠落	1. 注意检查电缆破损、开关缺损、松动等情况,及时请电工修复,严禁用湿布擦拭操作台; 2. 上下平台踩实扶牢,不得跑、跳、爬、越,挟物上下; 3. 经常检查扶手、走梯、通廊是否开焊,及时请钳工修复焊牢
	脱硫操作	机械伤害、烧烫伤害	1. 扒渣机动作时,周围人员没离开,造成机械伤害; 2. 扒渣动作过猛,渣子烧烫伤周围人员	1. 扒渣机动作前,鸣铃示警,同时观察确认; 2. 清理、点检、维护时,操作盘挂上禁动牌,确保安全; 3. 扒渣操作时,加强监护,首先确认人员的站立位置,防止溅渣烫伤; 4. 测温、取样时,劳保护品穿戴齐全
	更换搅拌头	砸伤、挤伤、煤气中毒	1. 吊装搅拌头,钢丝绳超标使用、断裂,搅拌头砸伤人员; 2. 更换搅拌头时配合出现问题,操作人员挤伤手指; 3. 烘烤搅拌头时煤气泄漏,发生煤气中毒	1. 捆绑搅拌头的钢丝绳不能有缺陷,专人指挥吊运,动作要稳、准,观察要细心; 2. 更换搅拌头时,精力集中,一人统一指挥,动作前,反复确认,防止造成挤伤; 3. 点燃煤气时要先点火后开煤气,严禁先开煤气后点火,同时经常检查煤气管道是否漏气
	设备检修	触电、机械伤害	检修时没有挂禁动牌,他人误操作,发生触电或机械伤害	认真落实设备点检挂牌制度
KR平车工	开动平车	挤伤、轧伤	开动平车时,没有观察到平车前后有人	开动平车前,仔细观察确认好平车四周的情况,确认平车前后无人员通过
	起落铁包	烧伤、砸伤	1. 重包起落过猛,包内铁水飞溅,烧伤人员; 2. 铁水包沿有积铁,积铁松动下落砸伤人员; 3. 天车限位磨穿脱落,砸伤地面人员	1. 起落铁包严格按照安全规程要求,要慢、稳、准; 2. 及时观察铁水包沿,钩除积铁,起落时人员要站在安全位置; 3. 经常督促天车工点检天车限位,指挥天车确认自己站在安全、合理的位置
	铁包钩包	砸 伤	钩除铁包积铁,人员站立太近,渣子砸伤人员	钩包时,人员站位要合理,站在安全的位置
	清理平车	摔 伤	1. 清理平车站立不稳,从平车上坠下,造成摔伤; 2. 清理平车时,他人开车,从平车上掉落造成摔伤	1. 清理平车时,精力集中,动作稳准,确认四周的情况; 2. 清理平车时,认真落实设备点检挂牌制度
叉车工	检查车辆	撞 伤	刹车失灵、转向失灵,发生撞车伤人	使用前认真检查各系统,严禁带病作业

岗位	作业步骤	伤害类别	可能发生伤害的原因	控 制 措 施
叉车工	装 运	挤伤、轧伤、砸伤	1. 装车时,人员太近,造成人员挤伤、轧伤; 2. 物件举高掉落砸伤人	1. 装车时,精力集中,注意周围的人员,人员距离太近,鸣笛示警,人员离开后,方可操作; 2. 物件举高前,掌握物件重心,注意周围人员,谨慎驾驶
	车辆运行	撞伤、砸伤、烫伤、摔伤	1. 车速太快,反应不及,撞伤人员; 2. 天车在上方作业,落下物件砸伤人员; 3. 天车在附近吊罐,热渣(铁)烫伤人员; 4. 驾驶室内外站人,行驶时摔伤人员	1. 控制车速小于10km/h,行车精力集中; 2. 天车在上方作业时,严禁从下方通过; 3. 天车在附近吊罐作业时,及时将叉车撤离作业现场; 4. 严格遵守安全规程,驾驶室内外严禁站人
	车辆检修维护	砸 伤	检修时,使用倒链或超重吊物,砸伤人员	使用倒链要确认车辆状态、重心,选取使用合格、合适的倒链、钢丝绳
铲车工	检查铲车制动、刹车、转向	挤 伤	人员站在两轮之间,转向时挤伤人员	检查时,确认周围情况安全
	装 运	挤伤、烫伤、撞伤、砸伤	1. 装运时人员站在两轮之间,转向时挤伤人员; 2. 装载热渣,动作过猛,热渣洒下,烫伤或砸伤周围人员; 3. 装载过程中,没有发现后方有人,造成撞伤	1. 装运、转向时确认四周无人; 2. 装运渣子,动作准确,制止周围的人员离车过近; 3. 倒车时仔细观察确认后方无人,动作前鸣笛示警
	车辆运行	撞伤、摔伤	1. 车辆运行过快撞伤人员; 2. 铲车上站人,运行中,人员掉落造成摔伤	1. 车辆运行严格遵守交通规则和厂区运行有关规则; 2. 遵守铲车运行时铲车上严禁站人的规定
	车辆检修	撞伤、摔伤	1. 车辆停放在斜坡上溜车,撞伤人员; 2. 清理铲车卫生,从铲车上摔下,造成摔伤	1. 检修时,车辆放置选择安全位置,必要时拉紧手刹; 2. 清理铲车卫生,扶牢站稳,确认合理的安全站位
钢铁包拆修工	钢铁包坐到拆包台上	砸伤、挤伤	选取的钢丝绳太细,在坐包时断裂,使包荡起砸伤、挤伤人员	1. 使用专用翻包的二钩子翻包; 2. 坐包时,动作要慢、稳、准,专人指挥,指挥人员喊开四周的人员
	钢铁包拆除	砸 伤	钢铁包拆除时人员距离过近,落下的耐材砸伤人员	拆包人员做好监护工作,无关人员远离拆包位置
	倾倒残衬	砸 伤	1. 选取的钢丝绳太细,在倾翻时断裂,使钢铁包荡起砸伤人员; 2. 人员距离过近,倾倒的耐材砸伤人员	1. 使用专用翻包的二钩子翻包; 2. 翻包时,动作要慢、稳、准,专人指挥,指挥人员喊开四周的人员
	清理现场、坐包入坑	砸伤、挤伤	1. 清理残衬时,人员被耐材砸伤; 2. 坐包入坑时,包坑内部有人造成挤伤	1. 铲车清理时人员要站在安全的位置,人员清理时互相监督、监护; 2. 坐包入坑,包坑内部严禁有人

岗位	作业步骤	伤害类别	可能发生伤害的原因	控 制 措 施
钢铁包烘烤	检查煤气管道及烘烤设备	触电、煤气中毒	1. 检查烘烤设备时,配电箱漏电,发生触电事故; 2. 煤气管道的接点泄漏煤气,人员发生煤气中毒	1. 检查烘烤设备时,天气潮湿或配电箱潮湿,发生漏电,一定找专业人员处理,严禁带电作业; 2. 使用煤气报警器,测试煤气接点是否泄漏,若泄漏煤气,必须及时处理好后,才能工作
	起落钢铁包	挤　伤	指挥钢铁包起落时,人员距离太近,被钢铁包挤伤	指挥吊起和下落钢铁包时,派专人指挥,指挥者站在安全位置
	点火烘烤	爆炸、煤气中毒	1. 点火程序错误,煤气开得过大,发生爆燃; 2. 烤包作业过程中,突然煤气中断,造成断火,再来煤气时引起煤气中毒	1. 必须坚持先点火后开煤气,严禁先开煤气后点火; 2. 烤包过程中,要有专人看火,防止煤气突然中断; 3. 煤气压力低于报警压力时,及时关闭煤气阀门,防止发生事故; 4. 看火人员加强责任心,认真观察
	清理现场卫生	触　电	作业不规范,地面打水,淋到电盘,发生触电	地面打水要有限度,配电盘位置必须保持干燥,防止潮湿引发连电
中间包修砌工	检查修砌使用的原料、工器具	砸　伤	砖块滑落,砸伤腿脚	1. 修砌使用的各种耐材,要有序放置并经常检查; 2. 人员从旁边经过要观察确认
	中间包翻包	砸伤、烧烫伤	1. 翻包时,中间包落地使钢渣或废砖飞溅,造成人员砸伤; 2. 包坑积水,液体包倾翻,造成爆炸,飞起的红渣烧烫伤人员	1. 翻包操作时严格遵守安全操作规程,制止行人通过,喊开四周人员,做好监护工作; 2. 严禁翻磕凝固时间不够的液体包
	中间包修砌、烘烤	砸伤、煤气中毒、爆炸	1. 包沿上有杂物落下伤人; 2. 烤包开煤气时,煤气泄漏引起煤气中毒、爆炸	1. 中间包修砌完毕,及时彻底清理包沿上的杂物及周围卫生; 2. 烤包操作必须先点火后开煤气,严禁先开煤气后点火; 3. 同时在开煤气前,先检查煤气管路、接点是否漏气,若漏气必须及时处理好,方可操作
	清理现场、吊运包砼	挤伤、钢丝绳抽伤、砸伤	1. 吊包砼处理不当,包砼晃动挤伤人员; 2. 钢丝绳在吊运时断裂,抽伤、砸伤人员	1. 钢丝绳吊挂的位置一定是重物的重心; 2. 指挥人员要站在安全的位置指挥,同时,监护好周围的人员,使所有人员都处于安全位置方可起吊; 3. 使用合格的钢丝绳,锐角处铺垫衬木等防止边角切割钢丝绳,起吊的高度要适宜,严禁起吊过高
中间包烘烤	检查煤气管道及烘烤设备	触电、煤气中毒	1. 检查烘烤设备时,配电箱漏电,发生触电事故; 2. 煤气管道的接点泄漏煤气,人员发生煤气中毒	1. 检查烘烤设备时,天气潮湿或配电箱潮湿,发生漏电,一定找专业人员处理,严禁带电作业; 2. 使用煤气报警器,测试煤气管道、接点是否泄漏,若泄漏煤气,必须及时处理好后才能工作
	起落中间包	挤　伤	指挥中间包起落时,人员距离太近,被中间包挤伤	指挥吊起和下落中间包时,派专人指挥,指挥者站在安全位置,同时监护周围的人员撤离到安全位置

岗位	作业步骤	伤害类别	可能发生伤害的原因	控制措施
中间包烘烤	点火烘烤	爆炸、煤气中毒	1. 点火程序错误,煤气开得过大,发生爆燃; 2. 烤包作业过程中,突然煤气压力低,造成断火,引起煤气中毒	1. 必须坚持先点火后开煤气,严禁先开煤气后点火; 2. 开煤气的过程要缓慢,确认操作; 3. 烤包过程中,派有责任心的专人看火,煤气突然中断立即关闭大小阀门; 4. 煤气压力低于报警压力时,及时关闭煤气阀门,防止发生中毒事故; 5. 保持经常使用的煤气压力报警器完好、灵敏可靠
	清理现场卫生	触电	作业不规范,地面打水,淋到电盘,发生触电	地面打水要有限度,配电盘位置必须保持干燥,防止潮湿引发连电
废钢工	点检设备	砸伤	废钢斗耳轴磨损严重,断裂砸伤人员	点检发现问题及时反映、处理
	检验外进废钢	放炮、爆炸、压伤	1. 废钢中有易燃易爆物品,没有发现,入炉爆炸伤人; 2. 废钢潮湿,入炉后遇铁水放炮伤人; 3. 检验外进废钢,站位不当,被车辆轧伤	1. 加强责任心,认真检查废钢,及时检出废钢中的易燃易爆物品; 2. 潮湿废钢提前联系调度和炉前,提前入炉或放置一旁晾干; 3. 检验废钢时,站在安全位置
	指挥天车吊装废钢	砸伤、挤伤	1. 指挥天车吊装入斗,下落的废钢飞溅伤人; 2. 指挥吊斗,斗间有人员,造成挤伤	1. 指挥天车站立在安全的位置,手势标准,哨音洪亮、清楚; 2. 指挥吊斗作业,观察确认废钢斗周围无人员通过或停留,方可指挥起落
	清理现场	摔伤	现场复杂,造成人员摔伤	工作前仔细确认周围环境,及时清理现场的卫生
皮带工	皮带巡检	摔伤、煤气中毒	1. 上下爬梯,没有扶牢站稳,造成摔伤; 2. 车间上方,煤气浓度较大,发生煤气中毒	1. 上下爬梯,扶牢站稳,确认脚下情况; 2. 巡检携带煤气报警器、对讲机,二人以上,发现问题及时报告,决不冒险作业
	来料验收	摔伤	处理洒落料,站立不稳造成摔伤	处理洒落料时,确认周围环境,站稳、站牢,防止摔倒
	皮带上料	摔伤、挤伤	1. 跨越皮带,皮带运行造成摔伤; 2. 伸手处理运行中皮带上的物料,被皮带(机)挤伤	1. 严禁跨越皮带; 2. 皮带运行前,鸣铃示警; 3. 皮带运行时,特别注意离开皮带一段距离,严禁随意伸手,防止挤伤
	设备检修	触电、挤伤	设备检修时,没有挂牌,他人送电,设备运转,造成触电或挤伤人员	严格落实设备点检挂牌制度
原材物料收发	原材料验收	砸伤	原材料摆放、码垛不整齐,不牢固,超高倒塌砸伤人	装卸各种料轻拿轻放,排码整齐牢固,高度不超过1.5m,并做好标志

岗位	作业步骤	伤害类别	可能发生伤害的原因	控 制 措 施
原材物料收发	材料发放	摔伤、撞伤、触电、砸伤	1. 车辆速度快，载人行驶，保管验收人员没站在安全位置，造成人员摔伤或撞伤； 2. 使用电葫芦，操作盘漏电发生触电伤害； 3. 指挥天车不当，钢丝绳断裂，砸伤人员	1. 运输车辆厂内要慢速行驶，车间内不得超过 10 km/h，过道口要"一慢二看三通过"； 2. 保管人员随车送料，取样化验不得乘车，进入现场注意天车行走，验收清点物料质量、数量，要站在安全位置； 3. 使用电葫芦时，首先检查开关是否漏电，钢丝绳是否完好，有无脱轮，确认后鸣铃开车； 4. 严格按照标准天车指挥手势指挥天车，手势动作标准，哨音洪亮、清晰，精力集中，同时喊开周围人员
	易燃易爆危险品的存放	烧伤	易燃易爆物品保管不善，发生火灾，人员烧伤	1. 易燃易爆物料单独存放，定期检查，保持库房清洁干燥，禁止烟火； 2. 保管员必须熟知消防知识，会使用灭火器
装包工	检查设备及准备工器具	砸伤	准备工器具，掉落物件砸伤人员	加强安全确认，物件、工具整齐有序
	装包操作	砸伤、烧伤、烫伤	1. 滑板、水口拆掉落砸伤人员； 2. 烧眼操作，回火烧伤； 3. 更换水口，热渣飞溅烫伤人员	1. 拆卸滑板或水口站位要准确； 2. 烧眼操作时戴好防护眼镜、皮手套，烧氧管绑牢，长度在 1.5 m 以上，集中精力操作； 3. 更换水口时小心进行，不可用力过猛
	起落钢包及灌引流剂	挤伤、摔伤	1. 开动平台车时挤伤人员； 2. 灌沙操作滑倒摔伤	1. 开动平台车时要确认平台车周围无人； 2. 灌沙平台的台面无积沙，上下走梯扶牢站稳
	倒渣作业及清运渣盆	烫伤、挤伤	1. 倒渣作业热渣飞溅，烫伤人员； 2. 转运渣盆，钢丝绳挤伤人员	1. 倒渣前确认渣盆干燥，倒渣时，指挥人员站在安全位置，制止行人、车辆过往； 2. 转运渣盆时要有专人指挥，起落时一定确认好所有摘挂绳人员的状态都安全
汽车运送废钢	汽车进入车间	轧伤、撞伤	1. 汽车进入车间，速度过快，轧伤人员； 2. 车间车辆和运废钢的车辆相撞，发生撞伤	1. 汽车进入车间必须首先鸣笛，引起各方面的注意，车间内速度小于10 km/h； 2. 确认操作避免车间内部车辆相撞，车间内部强调，内用车辆也要限速运行
	吊运废钢斗	砸伤、烧伤	1. 吊运废钢斗时，人员离得太近，斗内边沿废钢掉落砸伤人员； 2. 头顶上方有钢铁包，天车抱闸失灵突然下落洒铁烧伤人员、汽车	1. 吊运过程动作严格按照操作标准进行，指挥人员、司机、其他人员必须站在安全的区域内，指挥人员确保身体周围无障碍物或提前找好退路； 2. 吊落废钢斗，司机须下车，站在安全的位置，避免砸伤； 3. 天车经常检查抱闸等安全设施，严禁带病作业

岗位	作业步骤	伤害类别	可能发生伤害的原因	控 制 措 施
汽车运送废钢	废钢斗坐入车上	挤 伤	废钢斗下落时,人员在废钢斗附近,躲不及造成挤手	吊运过程中,废钢工仔细确认周围是否有人,确认安全,方可起吊
	汽车开出车间	轧伤、撞伤	1. 轧伤指挥人员; 2. 车速太快撞伤车间内的车辆或其他人员	1. 司机开车前确认汽车四周无人员方可开车; 2. 车间内汽车限速行驶
汽车运送铁水	汽车进入车间	轧伤、撞伤	1. 汽车进入车间,速度过快,轧伤人员; 2. 车间车辆和运铁水的车辆相撞,发生撞伤	1. 汽车进入车间必须首先鸣笛,引起各方面的注意,车间内速度小于10 km/h; 2. 确认操作避免车间内部车辆相撞,地面指挥人员站位安全合理,避免被倒车的车辆撞伤,同时司机一定要听从指挥人员的指挥
	吊运铁水罐	烧 伤	1. 吊运铁水罐时,人员离得太近,罐内铁水太满,吊运的动作太大,起吊时洒出铁水烧伤人员、烧坏车辆; 2. 天车抱闸失灵,起吊时突然下落洒铁水烧伤人员、汽车	1. 吊运过程动作严格按照操作标准进行,指挥人员、司机、其他人员必须站在安全的区域内。指挥人员确保身体周围无障碍物或提前找好退路; 2. 天车经常检查抱闸等安全设施,严禁带病作业
	铁水罐下落	砸 伤	铁水罐下落时,罐边沿的渣子掉落,砸伤人员	进铁过程中,进铁工仔细确认安全,有活动的渣子必须事先处理
	汽车开出车间	轧伤、撞伤	1. 轧伤指挥人员; 2. 车速太快撞伤车间内的其他人员	1. 铁水罐确认已经放置妥当,天车指挥人员联系司机后离开现场,司机开车前确认汽车四周无人员方可开车; 2. 车间内汽车限速行驶
电气焊工	焊接作业	触 电	1. 自接电焊机一次线; 2. 电焊机漏电; 3. 工作现场潮湿	1. 必须由电工接一次线; 2. 确认电焊机是否良好; 3. 穿好劳保护品,不得将身体倚靠在工件上
	气割作业	烧伤、灼伤	1. 氧、乙炔带捆扎不牢; 2. 护品穿戴不齐全	严格标准化作业
	高空作业	坠 落	1. 脚平架或梯子不稳; 2. 未系安全带	1. 脚平架或梯子必须牢稳; 2. 必须系好安全带
转炉钳工	点检设备	摔伤、煤气中毒	1. 高空点检设备时易发生摔伤; 2. 煤气区域点检设备易发生煤气中毒	1. 高空作业时系好安全带; 2. 煤气区域点检设备必须携带煤气报警仪并保证两人以上
	各种检修工作	误伤害、触电	1. 未挂停电牌,未扎安全带,非标准化作业易造成误伤害; 2. 使用电动工具、设备未执行操作规程	1. 坚持停电挂牌,严格标准化作业标准; 2. 使用电气设备必须遵守操作规程
	整备及吊运工件	碰伤、挤伤、砸伤	1. 组装时配合不协调易碰伤; 2. 吊运时未确认吊具、吊装点,无专人指挥	1. 组装备件时相互协调好; 2. 吊运时确认到位并设专人指挥

岗位	作业步骤	伤害类别	可能发生伤害的原因	控 制 措 施
冷做工	工件制作、拆卸、吊装	砸伤、挤伤	1. 大小锤砸伤; 2. 工件脱落砸伤; 3. 确认不当挤伤	1. 打锤时严禁戴手套; 2. 工件拴牢挂稳; 3. 仔细确认后,方可移动工件
	高空作业	摔伤	1. 使用梯子摔伤; 2. 未系安全带摔伤	1. 严格按规程使用梯子; 2. 系好安全带
	清理现场	摔伤	作业场地狭小,油污废件多	仔细确认并及时清理垃圾
管工	拆卸工件管路	碰伤、挤伤、煤气中毒	1. 手锤砸伤; 2. 管钳挤伤; 3. 系统未卸压、清扫	1. 确认手锤安全; 2. 管钳使用合理; 3. 煤气管路卸压、清扫
	高空作业	坠落	1. 高空作业未安全带; 2. 脚手架不稳	1. 高空作业系好安全带; 2. 脚手架要牢固,站稳
	清理卫生	摔伤	作业场地狭小,废旧件多,污水多	仔细清理,及时清理现场垃圾
起重工	拴挂工件	碰伤、划伤	1. 环境确认不当,易碰伤; 2. 劳保护品穿戴不齐全	1. 环境应确认得当; 2. 劳保护品应穿戴齐全
	高空作业	坠落	高空作业未挂安全带	高空作业及时挂安全带
	吊运工件	砸伤、碰伤	1. 拴挂不牢,易砸伤; 2. 站位不当,易碰伤	1. 工件应拴挂牢固; 2. 站位应得当
	绳套作业	打伤、压伤	1. 绳头把持不牢,易打伤; 2. 用手调整模具,易压伤	1. 绳头应把持稳; 2. 严禁用手调整模具
天车钳工	拆卸工件	挤伤、碰伤、砸伤	1. 环境确认不当,易碰伤、挤伤; 2. 工具、工件把持不牢,易砸伤	1. 环境确认要得当; 2. 工具、工件应把持平稳
	高空作业	坠落	高空作业时未系好安全带	高空作业时应及时系好安全带
	吊装作业	挤伤、砸伤	1. 确认不当,造成挤伤; 2. 拴挂不牢易砸伤	1. 确认好人员后再作业; 2. 拴挂应牢固
	试车	挤伤、摔伤	1. 站位不当易挤伤; 2. 不抓牢护栏易摔伤	1. 站位应得当; 2. 应抓紧扶牢护栏
	场地清理	摔伤	场地小,废件多,油污多	及时清理现场卫生
铸机钳工	工作前停电挂牌	电伤、挤伤	未停电挂牌	确认停电挂牌并卸压
	工作中联系确认	挤伤、砸伤	上下左右联系不当	相互联系确认
	试车过程中	电伤、挤伤	未确认检修人员安全位置	确认检修人员安全位置、摘下停电牌
	现场清理	摔伤	油污多、场地滑	及时清理现场卫生
值班钳工	工作前	挤伤、碰伤、砸伤、溅伤、中毒	1. 劳保护品穿戴不全; 2. 设备未停电突然启动; 3. 工具使用前没有确认; 4. 系统没有卸压; 5. 煤气报警没有检查确认	1. 劳保护品穿戴齐全; 2. 严格执行停电挂牌制度; 3. 所用工具检查确认完好; 4. 确认系统卸压; 5. 确认报警仪灵敏、可靠

岗位	作业步骤	伤害类别	可能发生伤害的原因	控制措施
值班钳工	工作中	挤伤、坠落、碰伤、砸伤	1. 现场环境确认不清; 2. 高空作业未系安全带; 3. 工器具使用不当; 4. 联系不当、指挥混乱	1. 确认现场环境、加强照明; 2. 系好安全带; 3. 正确使用工器具; 4. 加强联系、指挥正确
	试车	碰伤、挤伤	人员未离开、设备启动	专人指挥,人员站在安全区域
	清理卫生	摔伤	废旧件多、油污多	及时清理现场垃圾
电工	停电	触电	1. 未执行唱票制度; 2. 停电不彻底	1. 严格执行唱票制度; 2. 严格执行停电、验电、挂牌制度
	设备的吊运	砸伤	1. 吊装物坠落,吊具不合格; 2. 被吊装物移动时晃动	1. 使用合格专用吊具; 2. 指挥起吊时,保持足够安全距离
	高空作业	摔伤	1. 未系好安全带; 2. 梯子滑倒	1. 高空作业系好安全带; 2. 登梯作业,可靠放稳梯子,有专人扶持
	高温区工作	烫伤	1. 被高温设备烫伤; 2. 钢水、钢渣飞溅; 3. 未冷却直接接触测温枪	1. 工作时和高温设备保持安全距离; 2. 冶炼操作期间,不准进入飞溅区域作业; 3. 待冷却后再工作,并戴好手套
	煤气区域工作	中毒	1. 煤气泄漏; 2. 点明火引起煤气爆炸	1. 持煤气报警仪工作,报警时及时撤离; 2. 严禁明火和吸烟
	油污区域工作	摔伤	1. 地面湿滑; 2. 高压油管泄漏	1. 抓好扶手,防止滑倒摔伤; 2. 避免在高压管线、管口附近逗留
	上下天车	挤伤	1. 车未停稳或运行中登车; 2. 站立位置不当	1. 与天车工联系好,车停稳后上下车; 2. 站在安全位置,留出安全距离
	送电试车	灼伤、挤伤	1. 送电时线路短路; 2. 设备试车突然转动	1. 检查无遗留工具、材料,检测各项参数符合要求,拆短路接地线,摘牌后送电; 2. 试车时与设备保持足够安全距离
渣场天车工	接班点检,送电鸣铃试车	砸伤、烫伤	限位、制动器、安全装置失灵,发生人身伤害事故	1. 点检认真,防止天车带病作业; 2. 保证限位、制动器及安全装置有效
	水淬池中抓渣	烫伤、击伤	吊挂渣斗不牢,斗歪钢渣洒出伤人	确认清楚,精心操作,服从指挥,磕罐时鸣铃
	翻罐,倾倒稀渣	烫伤、击伤	地面积水,放炮伤人	确认倒渣场地,细流慢倒
	砸干渣	烫伤、击伤	干渣飞溅伤人	鸣铃使地面人员躲开
	作业完毕,停放于渣跨北侧	烫伤	停车位置不当,渣场放炮伤人	确认停车位置安全

岗位	作业步骤	伤害类别	可能发生伤害的原因	控 制 措 施
冷修间天车工	接班点检,送电鸣铃试车	砸伤、挤伤	限位、制动器、安全装置失灵,发生人身伤害事故	1. 点检认真,防止天车带病作业; 2. 保证限位、制动器及安全装置有效
	吊挂钢铁包	砸伤	龙门沟上升、下降时碰撞钢包、平车、包坑等造成脱钩、脱轮,砸伤人员	确认钢包底部高于障碍物0.5m以上,周围不碰撞其他物体
	翻包倒渣	砸伤	废砖、料落下伤人	倒渣时确认周围没人
	落包	挤伤	吊挂不牢,损坏周围设备,挤伤人员	确认清楚,精心操作,服从指挥
加料跨天车工	点检,送电鸣铃试车	砸伤、烫伤	限位、制动器、安全装置失灵,发生人身伤害事故	1. 点检认真,防止天车带病作业; 2. 保证限位、制动器及安全装置有效
	空罐落地	挤伤	龙门钩下降时碰到铁水包或造成脱轮挤伤人员	确认清楚,精心操作,服从指挥
	吊脱硫后铁水重罐	烫伤	龙门钩上升时摆动造成洒铁伤人	确认铁水包挂好后起吊,运行中包底要高于地面障碍物0.5m以上
	吊混铁炉铁水重罐	砸伤	运行时不按规定鸣铃发生落物伤人	运行中发现吊物下有人应先鸣铃,待人闪开后通过
	放空罐	砸伤	落铁水包时,大、小钩碰撞造成脱轮砸伤人员	确认清楚,精心操作
	往转炉内兑铁	烫伤	兑铁时主、副钩,大、小车配合不当造成洒铁	兑铁时无人指挥拒绝操作,要在专人指挥下细流慢倒
	钩罐,清罐口渣	砸伤	罐口渣落砸伤人员	确认地面人员在安全位置
废钢磁吊天车工	点检,送电鸣铃试车	砸伤、击伤	限位、制动器、安全装置失灵,发生人身伤害事故	1. 点检认真,防止天车带病作业; 2. 保证限位、制动器及安全装置有效
	废钢卸车	击伤	卸车时,废钢挂碰车辆,废钢散落飞起或崩出伤人	1. 确认清楚,精心操作,服从指挥; 2. 卸车时车辆周围严禁站人
	废钢装斗	击伤	废钢装斗时崩出伤人	1. 鸣铃示意人员躲开; 2. 装斗时吸盘离斗沿小于1.5m
	废钢分堆	砸伤、击伤	运行中碰撞50+50t吊车,废钢落下伤人	观察50+50t天车位置,以免发生碰撞
钢水跨天车工	接班点检,送电鸣铃试车	砸伤、挤伤、烫伤	限位、制动器、安全装置失灵,发生人身伤害事故	1. 点检认真,防止天车带病作业; 2. 保证限位、制动器及安全装置有效
	吊运钢水重包	烫伤	1. 龙门钩上升、下降时碰撞钢包、平车等造成脱钩、脱轮; 2. 吊挂重包不牢固,钢水外溅伤人	1. 确认清楚,精心操作,服从指挥; 2. 鸣铃示警,缓慢起吊,慢速落包

岗位	作业步骤	伤害类别	可能发生伤害的原因	控 制 措 施
钢水跨天车工	LF、VD之间重包吊运	烫 伤	吊挂重包不牢固,钢水外溅伤人	落重包时,做到慢、稳、准,平稳落下
	回转台、装包、拆包台坐包	烫 伤	1. 吊重包运行时,钢包歪斜,钢水外溅伤人; 2. 运行中钢包碰坏设备	1. 没有地面人员确认,不得起吊; 2. 确认钢包底部高于障碍物0.5m,周围不得碰撞其他物体
	倒 渣	烫伤、挤伤	1. 挂钩、摘钩时配合不当,挤伤人员; 2. 湿渣外溅伤人	无地面人员指挥禁止动车,确认指挥人员站位准确
	钢水回余	烫 伤	钢水回余时,落包不稳,回余钢水外溅伤人	落回余钢水包时,做到慢、稳、准,平稳落下
铸机跨天车工	接班点检,送电鸣铃试车	砸伤、挤伤	限位、制动器、安全装置失灵,发生人身伤害事故	1. 点检认真,防止天车带病作业; 2. 保证限位、制动器及安全装置有效
	下铸机MD、扇形段	挤伤、击伤	吊挂扇形段时吊挂不牢起吊,损坏设备或伤人	确认清楚,精心操作,服从指挥
	上铸机MD、扇形段	挤伤、击伤	吊挂扇形段时吊挂不牢起吊,损坏设备或伤人	确认清楚,精心操作,服从指挥
	旧中包下线	挤伤、击伤、烫伤	吊挂中间包时吊挂不牢起吊,损坏设备或伤人	严禁吊挂钢水未凝固的中包
	新中包上线	挤伤、击伤	吊挂中间包时吊挂不牢起吊,损坏设备或伤人	确认清楚,精心操作,服从指挥
	吊铸机用辅材	挤 伤	吊挂不牢起吊伤人	确认吊挂牢固、地面人员处在安全位置
维修跨天车工	接班点检,送电鸣铃试车	砸伤、挤伤	限位、制动器、安全装置失灵,发生人身伤害事故	1. 点检认真,防止天车带病作业; 2. 保证限位、制动器及安全装置有效
	维修MD、扇形段	砸 伤	操作不精心,与检修人员配合不当,碰坏设备或砸伤人员	1. 确认清楚,精心操作; 2. 注意人员及设备安全
	MD、扇形段放过跨平车	挤 伤	未用专用吊具,吊挂不牢损坏设备或伤人	行走鸣铃,集中精力听令操作
	坯头、渣斗外运	挤伤、砸伤	吊挂不牢损坏设备或伤人	确认人员处在安全位置,听令操作
出坯跨天车工	接班点检,送电鸣铃试车	砸伤、挤伤、烫伤	限位、制动器、安全装置失灵,发生人身伤害事故	1. 点检认真,防止天车带病作业; 2. 保证限位、制动器及安全装置有效
	垛板台板坯放平车	挤 伤	夹钳不正,吊运不平稳,坯子滑落伤人	1. 操作时精力集中,确保按触摸屏指令吊运; 2. 装平车时,鸣铃使周围人员躲开

岗位	作业步骤	伤害类别	可能发生伤害的原因	控制措施
出坯跨天车工	板坯上卸板台	挤伤	1. 上升、下降或运行时所吊坯子刮、碰地面设备; 2. 装卸平车时发生伤害事故	坯子要夹紧、夹稳,移动时随时观察周围人员情况
	吊运事故坯	砸伤	吊运过程中发生砸伤	确认清楚,精心操作
	铸机沟内清渣、渣斗外运	砸伤	吊运过程中渣落伤人	确认清楚,无指挥信号禁止动车
精整区天车工	接班点检,送电鸣铃试车	砸伤、挤伤	限位、制动器、安全装置失灵,发生砸伤、挤伤事故	1. 点检认真,防止天车带病作业; 2. 保证限位、制动器及安全装置有效
	摆铸坯	挤伤	吊挂坯子时,挤伤手脚	摆坯子时要注意坯子周围人员情况,有人时鸣铃使人躲开
	翻坯	碰伤	翻坯子时,发生碰伤事故	确认清楚,精心操作
	铸坯码垛	砸伤、挤伤	坯子滑落、歪斜发生碰伤事故	1. 按触摸屏指令完成码垛; 2. 注意码垛高度
风机工	风机巡检及清理卫生	摔伤、触电、煤气中毒	1. 巡检区域有油污及杂物; 2. 用湿抹布擦拭电气设施或用水冲洗地面时将水溅到电器上; 3. 煤气管道、法兰、水封泄漏煤气	1. 及时清理油污及杂物,物品严格按定置管理要求放置,巡检时注意行走确认; 2. 严禁用湿抹布擦拭电气设施,用水冲洗地面严禁将水溅到电器上; 3. 进入现场必须携保煤气报警仪,煤气管道、法兰必须确保密封严密、各水封保持溢流
	启动风机、油泵	机械伤害、触电	1. 启动时转动部位有杂物; 2. 启动时有钳工或电气人员正在检修	1. 启动时必须把物品清理干净; 2. 检修时严格执行三方挂牌制度,启动风机、油泵前严格确认
	煤气回收	煤气中毒、爆炸	1. 联锁失灵机后压力高仍继续回收; 2. 三通阀故障无法放散或其他原因使高氧煤气进入气柜	1. 机后压力大于 5 kPa 必须立即放散; 2. 立即手动打开旁通阀,通知炉前停止冶炼,关闭回转水封,将"V"形水封充水,并通知气柜取样化验
	煤气管道、设施清灰	煤气中毒、窒息	未切断煤气来源,进入煤气管道未检测 CO 浓度,未进行 N_2 吹扫和空气置换,未设监护人	必须切断煤气来源,对煤气管道进行 N_2 吹扫及空气置换,否则应佩带呼吸器作业,同时设专人监护
净汽化工	净汽化系统巡检	煤气中毒	巡检区域煤气泄漏造成煤气浓度超标	转炉吹炼时严禁在煤气易泄漏区长期停留,巡检时两人一前一后手持煤气报警仪,煤气浓度超标时必须立即撤离危险区域
	启动汽化系统水泵	机械伤害、烫伤、触电	1. 启动时转动部位有杂物; 2. 启动时钳工或电气人员正在检修水泵或出口阀门	1. 启动时必须把物品清理干净; 2. 检修时严格执行三方挂牌制度,启动水泵前必须检查确认,同时现场设专人监护

岗位	作业步骤	伤害类别	可能发生伤害的原因	控 制 措 施
净汽化工	烟道排污	烫 伤	1. 排污时未戴劳保手套; 2. 管路阀门泄漏	1. 劳保护品必须穿戴齐全; 2. 及时处理泄漏部位
	冲洗水位计	烫 伤	1. 开水位计放水阀时,面部未侧向于放水阀; 2. 劳保护品穿戴不全	1. 开水位计放水阀时,面部应侧向于放水阀; 2. 劳保护品必须穿戴齐全
	烟道清灰	灼 烫	清灰时未确认好,转炉正进行吹氧或溅渣操作	清灰前必须与调度室、炉前联系确认经双方签字,清灰时确认转炉不在零位
除尘工	除尘风机巡检及清理卫生	摔伤、机械伤害、触电	1. 巡检区域有油污及杂物; 2. 身体接触转动部位; 3. 用湿抹布擦拭电气设施或用水冲洗地面时将水溅到电器上	1. 及时清理油污及杂物,物品严格按定置管理要求放置,巡检时注意行走确认; 2. 电机、耦合器、风机、油泵各旋转部位防护罩齐全; 3. 严禁用湿抹布擦拭电气设施,用水冲洗地面严禁将水溅到电器上
	启动风机、油泵	机械伤害、触电	1. 启动时转动部位有杂物; 2. 启动时有钳工或电气人员正在工作	1. 启动时必须把物品清理干净; 2. 检修时严格执行三方挂牌制度,启动风机、油泵前严格确认
	除尘器输灰、卸灰故障处理	挤 伤	处理故障时输灰或卸灰电动机启动	处理故障前应将除尘器调至手动,需启动时处理人员不准接触转动部位,启动前必须确认无误
	除尘器巡检及卫生清理	摔伤、砸伤	1. 上下楼梯滑倒摔伤; 2. 向地面扔垃圾、杂物	1. 上下楼梯要扶好栏杆; 2. 不准随意向地面扔杂物,需扔投时必须设专人监护确保安全
低倍检验工	现场取样	撞伤、砸伤、碰伤	1. 用叉车取样时,因车辆转向器、制动器失灵,发生撞伤和碰伤; 2. 天车吊取试样时,未能保持安全距离或绑扎试样不牢靠,发生砸伤和碰伤	1. 出车前检查制动器、转向器是否有效; 2. 天车吊取试样时,要保持一定的距离并确认绑扎牢靠
	试样坯的加工	划伤、烫伤、击伤	1. 试样加工时,切屑割伤、烫伤; 2. 砂轮碎裂击伤	1. 切削中,不准检查、擦拭工件,不得用手触摸刀刃; 2. 清理切屑时,必须使用专用工具; 3. 安装砂轮前,应先检查有无裂缝,并做好静平衡试验后方可使用; 4. 吃刀时不可过猛,以防径向力过大而挤碎砂轮
	低倍检验	烧伤、灼伤	低倍检验时,易发生化学药品烧伤	严格按规程操作,强酸、强碱不得乱放乱倒
	清理卫生	摔伤、电伤	1. 场地有油污,滑倒摔伤; 2. 清理操作台电伤	1. 作业完毕后及时清理场地油污; 2. 严禁用湿布擦拭操作台

岗位	作业步骤	伤害类别	可能发生伤害的原因	控 制 措 施
机动车驾驶员	检查机动车车况,重点检查刹车及转向系统	撞人	刹车失灵、转向失灵,引发撞车事故	出车前认真检查各系统,电路、油路、制动刹车、转向等系统正常可靠,严禁带病上路
	货物装车	挤伤、砸伤、压伤	装车过程不按标准化作业或车辆超载	车辆装车应将车停稳,必要时采取防滑、防溜车等措施
	车辆运行	撞伤、烧伤、烫伤	1. 车辆运行中精力不集中易出现撞车伤人事故; 2. 因车辆故障造成火灾,引发烧伤、烫伤	1. 运行中严格遵守交通规则; 2. 集中精力,礼让"三先",中速行驶; 3. 车辆运行至铁路口或遇车辆交会时,要"一停二看三通过"
	车辆维护及检修	挤伤、碰伤、火灾烧伤	车辆维护检修时,不按标准化作业执行	1. 维护时,备好灭火器,维修完毕,现场油污清理干净; 2. 合理使用工具,用力不能过猛; 3. 严禁使用汽油清洗发动机及其他机件,应使用清洗剂

5　炼钢厂事故应急预案及救援

5.1　法规依据、指导思想及原则

5.1.1　法规依据

炼钢厂事故应急预案及救援的法规依据有:

《中华人民共和国安全生产法》;

《中华人民共和国消防法》;

《中华人民共和国工会法》;

《中华人民共和国环境保护法》;

《炼钢安全规程》;

各钢铁企业有关文件。

5.1.2　指导思想

炼钢厂事故应急预案及救援的指导思想为:在事故中保护人员和设备(财产)的安全,减少事故损失,最大限度地减轻环境污染。

5.1.3　原则

炼钢厂事故应急预案及救援的原则为:以人为本,保护人员生命安全,对突发的环境污染事故,能够有组织地进行应急处理,保护公众、员工的安全和健康,将事故损失、危害减少到最小,减少设备(财产)损失。

5.1.4　应急救援预案的编制、批准

应急救援预案:由各相关单位人员编制。

应急救援预案须经最高管理者或管理者代表批准。

5.2　单位(现场)概况

在制定炼钢厂事故预案及救援措施时,要弄清以下情况:

(1) 单位(现场)所处地理位置,其周边交通情况。

(2) 单位(现场)生产设备、人员情况。单位(现场)生产设备、人员情况包括如下内容:

1) 建厂时间、企业总人数、人员组成、生产规模等。

2) 炼钢厂主要工艺装备:KR 铁水预处理、顶底复吹转炉、转炉副枪自动化炼钢、LF 钢包炉、VD 真空炉、结晶器液面自动控制、漏钢预报、扇形段智能轻压下、铸坯在线自动去毛刺等技术。

5.3　应急救援组织指挥机构

5.3.1　应急救援领导小组

组长:安全第一责任人。

副组长:分管安全领导。

成员:安全部门、生产部门、技术部门、机动部门等领导。

5.3.2　组成部门及职责

(1) 安全部门。

负责人:部门领导。

职责:负责事故的救护及应急处理的组织工作。

(2) 生产部门。

负责人:部门领导。

职责:负责成立事故应急处理小组,维护事故现场秩序;以调度室为信息枢纽,负责对内、对外联系,协调人员、车辆;负责组织事故现场的应急处理;负责组织人员清理事故现场,恢复生产。

(3) 机动部门。

负责人:部门领导。

职责:发生事故后,协助有关人员处理水、电、风、气;负责组织人员查明设备、设施损坏情况,组织人员抢修,恢复生产条件;负责相关材料、物资的协调;负责伤害事故现场设备的恢复和必要控制。

5.3.3　应急救援指挥

指挥中心:炼钢厂调度室(视发生事故的地点及情况定)。

指挥小组组长:当班调度主任(厂领导赶到现场后任组长)。

指挥中心电话:×××××××。

5.3.4　应急救援组织

电缆着火事故应急救援组织:由安全部门、生产部门、电气车间及其他相关单位人员组成。

煤气泄漏、中毒事故应急救援组织:由安全部门、生产部门、机动部门、环保车间及其他相关单位人员组成。

转炉爆炸事故应急救援组织:由生产部门、安全部门、机动部门、炼钢车间、环保车间及其他相关单位人员组成。

人身伤害事故应急救援组织:由安全部门、生产部门及其他相关单位人员组成。

大气污染事故应急救援组织:由安全部门、生产部门及其他相关单位人员组成。

粉尘污染事故应急救援组织:由安全部门、生产部门及其他相关单位人员组成。

5.3.5　应急救援组织成员联络电话

应急预案必须附有应急救援组织成员的联络电话,以便于应急预案的有效实施。

5.4　应急响应

5.4.1　事故报告和现场保护

事故发生后,现场人员立即向炼钢厂调度室报告,简要汇报事故发生的地点、事故发生的原因、人员伤亡情况、着火的类别及火势情况,调度室立即向总调度室(如发生人员伤亡,并向安环处、医院报告;如发生煤气泄漏、人员中毒,并向安环处煤气救护站报告;如发生火灾,并向钢厂消防队报告)及炼钢厂领导、有关科室领导报告。

主要领导接到事故报告后,立即赶赴现场组织抢救伤员和保护财产,采取措施防止事故扩大。在进行抢救工作时应注意保护事故现场,防止无关人员进入危险区域。未经主管部门允许,事故现场不得清理。因抢险救护必须移动现场物件时,要做好标记。

发生单位能够控制的事故后,积极采取必要的措施,防止事故扩大。

5.4.2 综合事故应急救援措施

5.4.2.1 电缆着火事故

A 事故类型

火灾、触电、中毒和窒息等。

B 危害因素分析

(1)短路造成电缆及设备着火烧伤。

(2)短路造成人员电弧灼伤及死亡。

(3)电缆及设备火灾产生有毒气体,造成人员中毒、呼吸道灼伤、窒息、休克。

C 应急救援措施

(1)对火灾事故,立即切断电源,防止火势蔓延。确认切断电源后,根据火势、火情确定灭火方案,选择适合的灭火点、灭火器进行灭火。灭火后,及时清运现场垃圾废物,减少对环境的污染。

(2)对触电、电弧灼伤、死亡及着火烧伤事故,立即切断电源。确认切断电源后,立即将受伤人员撤离现场,安置在空气新鲜、通风处,保持安静。冬季注意保暖,夏季注意降温。对休克及停止呼吸人员立即抢救,进行人工呼吸。现场急救后,送医院治疗。

5.4.2.2 煤气泄漏、中毒事故

A 事故类型

火灾、中毒、爆炸。

B 危害因素分析

(1)煤气着火烧伤。

(2)煤气泄漏,一氧化碳中毒。

(3)爆炸造成物体坠落砸伤、设备设施损坏及其他二次伤害。

C 应急救援措施

(1)受伤人员的应急处理。

受伤人员立即脱离现场,安置在空气新鲜、通风处,保持安静。冬季注意保暖,夏季注意降温。对休克及停止呼吸人员立即抢救,进行人工呼吸。现场急救后,送医院治疗。

(2)煤气事故现场应急处理。

1)发生煤气大量泄漏、着火、爆炸、中毒等事故时,发生事故区域的人员立即通知调度室,调度主任立即组织成立应急领导小组,抢救事故的所有人员都必须服从统一领导和指挥。

2)事故现场应划出危险区域,布置岗哨,阻止非抢救人员进入。进入煤气危险区域的抢救人员必须佩带氧气呼吸器,严禁用纱布口罩或其他不适合防止煤气中毒的器具。

3)煤气大面积泄漏时,应立即设立警戒范围,所有人员依据"逆风(煤气)而逃"的原则,迅速疏散到安全地带,防止中毒人员扩大。

4)未查明事故原因和采取必要安全措施,不得向煤气设施恢复送气。

（3）煤气着火事故应急处理。

1）煤气着火区域人员立即通知调度室及相关单位，调度主任立即组织成立应急领导小组。

2）煤气设施着火时，应逐渐降低煤气压力，通入大量蒸汽或氮气，但设施内煤气压力最低不得小于 100 Pa（10.2 mmH$_2$O）。严禁突然关闭煤气闸阀或水封，以防回火爆炸。

3）直径小于或等于 100 mm 的煤气管道起火，可直接关闭煤气阀门灭火。

4）当煤气泄漏微少时，可用湿泥、湿麻袋等堵住着火处灭火。

5）在煤气设备烧红时不得用水冷却，以防管道和设备急剧收缩造成变形和断裂。火熄灭后，应打盲板，通入蒸汽或氮气，清除残余煤气，由救护站监测后方可进行动火处理。

6）煤气隔断装置、压力表或蒸汽、氮气接头，应有专人控制操作。

7）煤气着火事故难以控制或火势较大时，应立即通知消防队。

（4）煤气爆炸事故应急处理。应立即通知调度室及相关单位，调度主任立即组织成立应急领导小组。发生煤气爆炸事故后，部分设施破坏，大量煤气泄漏可能发生煤气中毒、着火事故或产生二次爆炸，这时应立即切断煤气来源，迅速将残余煤气处理干净。

（5）煤气中毒的现场应急处理。

1）发生煤气中毒事故区域的有关人员，立即通知调度室及有关单位并进行现场急救（进入煤气区域，必须佩带呼吸器，未有防护措施，严禁进入煤气泄漏区域，严禁用纱布口罩或其他不适合防止煤气中毒的器具）。

2）调度主任到达现场后，立即成立临时性机构，指挥机构设在上风侧便于观察和指挥的安全区域，通信联系以调度室为信息枢纽。

3）中毒区域岗位负责人清点本岗位人数。

4）现场指挥人员负责组织查明泄漏点及泄漏原因，并对泄漏点进行处理。

（6）中毒人员的抢救。

1）轻度中毒：脱离现场，安置在空气新鲜处，保持安静，喝浓茶刺激兴奋神经，冬季防寒，经观察无异常时再送到医院继续观察治疗。

2）中、重度中毒：由煤气防护人员负责帮助中毒人员脱离现场，切忌再次搬动或用汽车送往医院，以免引起死亡，即是"先救命后转送"的原则，由煤气防护人员现场紧急处理，等待医务工作者到来。

5.4.2.3　转炉爆炸事故

A　事故类型

爆炸、灼烫、火灾、物体打击、中毒和窒息。

B　危害因素分析

（1）氧枪、烟罩、烟道大量漏水，或烟道积灰突然大量塌落，或废钢中有密闭容器或易爆物，或操作不当，引起氧枪回火或爆发性喷溅引发转炉爆炸伤人。

（2）喷出火焰或高温钢水、渣子烫伤。

（3）高温钢、渣喷到易燃物上引发火灾烧伤。

（4）爆炸冲击波击飞或震落物体击伤或砸伤。

（5）引发火灾产生有毒气体造成中毒或窒息。

C　应急救援措施

（1）当班调度主任负责立即成立临时指挥机构，确认爆炸原因及应急处理的部位，安排相关人员停水、电、风、气,派人员到路口接警,设立警戒线,防止事故进一步扩大。

1) 立即停止煤气回收,并按安全规程要求做好有关阀门的开闭工作。

2) 发生转炉爆炸事故后,严禁动炉,立即关闭高压水及氧气阀门。若有大量水漏入炉内,待水蒸发完后,再缓慢动炉,动炉时应确认炉后无人,向后摇炉。

3) 若氧枪发生回火,应紧急断氧,关闭手动截止阀,如果火焰继续蔓延,关闭总截止阀。仍制止不住,立即联系调度室通知总调关闭供氧总管道。

4) 设立警戒,严格维持现场秩序,并组织进行灭火工作。

(2) 安全部门立即组织进行对伤员的抢救工作,并协助有关单位关闭煤气阀门。

(3) 人员疏散,应沿转炉两侧安全通廊疏散至安全位置。

(4) 相关岗位立即清点人数,听从指挥人员安排,协助对事故进行处理。

5.4.2.4 人身伤害事故

A 事故类型

各类事故造成现场人员伤害。

B 危害因素分析

现场出现的各类事故造成人员受伤,如各类外伤、内伤、中毒、窒息、休克、昏迷、死亡。

C 应急救援措施

(1) 发生事故造成人员受伤后,首先是抢救生命,现场紧急抗休克治疗,保持伤员呼吸道畅通,给氧吸入。

(2) 对呼吸、心跳停止的伤员进行现场急救。

(3) 烧、烫伤伤员急救。

1) 迅速脱离热源,先用冷水冲淋或浸浴伤处,可止痛并中和余热,减轻损害。

2) 避免再损伤局部,伤处的衣、裤、袜之类应剪开取下,勿剥脱。转运时伤处向上以免受压。

3) 减少污染,用清洁的被单、衣服等覆盖创面或简单包扎。

(4) 电击伤伤员急救。切断电源,轻症伤员转移至安全地点休息,严密观察,防止迟发性假死状态发生,必要时可服用小剂量安定药。

(5) 重大创伤的现场抢救及运转。

1) 对内脏损伤病人应尽量减少不必要的搬运和各种刺激,冬天要注意保暖,以免加重出血及休克的产生。

2) 搬运脊柱损伤伤员要用与地面相平的木板担架,由多人扶伤员躯干,使成一整体滚动法移至木板上,切忌一人抬头、二人抬腿的搬运方法。

3) 用车辆转送伤员时,应用"足前头后"平卧位,或是"与行车方向垂直"的平卧位,以免下坡或急刹车时影响颅脑流血。

人身伤害事故发生后,现场第一发现人立即通知调度室。调度室问清情况后立即通知安全部门、分管厂长,必要时应通知有关领导和部门联系救护车或消防车。

将受伤人员撤离现场,安置在开阔处等待车辆送医院。同时保护好事故现场,为事故调查提供条件。

5.4.2.5 炼钢烟尘污染

A 事故类型

大气污染。

B 危害因素分析

(1)转炉一次除尘风机故障停机。

(2)转炉一次除尘系统堵塞或二文喉口调节失灵。

(3)转炉一次除尘烟气管道破裂。

(4)转炉二次除尘风机故障停机。

(5)转炉二次除尘烟气管道破裂。

(6)转炉二次除尘器故障停运。

(7)转炉喷溅无法制止。

C 应急救援措施

(1)发生炼钢烟尘严重污染环境事故,生产操作岗位人员应立即停止生产,发生事故的区域人员应立即通知调度室。

(2)调度室接到环境污染事故通知后,应立即通知相关岗位和人员及时查找事故原因,各单位根据事故情况及时组织查找原因并汇报调度室。

(3)岗位人员检查确认转炉一次除尘风机故障停机、二文喉口调节失灵、转炉二次除尘风机故障停机及二次除尘器故障停运等情况后,应立即汇报调度通知电气、仪表和检修人员到现场检查处理。

(4)检查确认转炉一次除尘系统堵塞,环保车间当班工长应立即向调度室汇报,通知检修人员立即到现场协助处理,联系动力视停炉情况停浊水泵,对发生一次除尘系统堵塞的炉座停除尘水后进行处理。

(5)发生转炉一次除尘系统管道破裂时,当班工长要确认好管道破裂情况并立即向调度室和车间详细汇报,调度室接到汇报应立即通知机动科和检修人员迅速处理。

(6)发生以上情况,在未处理好相关设备之前不得投入生产。

(7)转炉二次除尘烟气管道破裂时,环保车间当班工长必须及时汇报调度室,调度室视情况通知设备管理和检修人员进行处理,在未处理好前转炉生产时应关闭转炉二次集尘罩风门,同时通知炉前降低转炉吹炼时的供氧强度,提高一次除尘风机转速。

(8)转炉吹炼时喷溅严重造成烟尘污染时,炉前应立即提枪停吹,认真分析喷溅原因,倒炉检查氧枪及炉内情况,采取倒渣等措施后方可恢复生产。

5.4.2.6 粉尘污染事故

A 事故类型

大气污染。

B 危害因素分析

(1)钢渣中石灰、氧化铁及石墨粉尘。

(2)KR脱硫剂罐及管道泄漏脱硫剂粉尘。

(3)散状料大量泄漏造成粉尘污染。

C 应急救援措施

(1)发生粉尘污染事故时,发生事故区域的岗位人员应立即汇报调度室并采取措施控制污染事故扩大。

(2)钢渣中粉尘污染环境时,渣场人员应增加对干渣的喷水量,减少粉尘污染。

(3)KR脱硫剂和散状料大量泄漏造成粉尘污染时,岗位人员应立即汇报调度室,调度室应及时协调炼钢生产组织并立即通知检修人员处理泄漏部位。

炼钢厂主要工序易发事故与应急措施详见第5.6节。

5.5 应急保障

5.5.1 应急救援物资

应急救援物资要储备到位,定期检查、维护保养,保证有效,见表5-1~表5-3。

表5-1 煤气泄漏、中毒应急设备清单

序 号	设备名称	数 量	存放地点	用 途	备 注
1	便携式CO报警仪	2	一次风机房	随身检测	
2	便携式CO报警仪	2	净汽化岗位	随身检测	
3	防毒面具(空气呼吸器)	2	巡检人员休息室	煤气作业区	
4	防毒面具(空气呼吸器)	2	一次风机操作室	煤气作业区	
5	手持式对讲机	4	煤气回收单位	工作联系	
6	手持式对讲机	2	调度室	工作联系	
7	手持式对讲机	2	机动部门	工作联系	
8	手持式对讲机	4	检修部门	工作联系	
9	救护车辆	多辆	总调度室	紧急救护	

表5-2 电缆着火应急设备清单

序 号	设备名称	数 量	存放地点	用 途	备 注
1	灭火器	8具	转炉10kV开关站	灭火	
2	灭火器	4具	连铸10kV开关站	灭火	
3	灭火器	4具	S3变电所	灭火	
4	灭火器	8具	35kV中压室	灭火	
5	灭火器	6具	S1、S2变电所	灭火	
6	灭火器	6具	电气室	灭火	
7	灭火器	19具	电缆沟	灭火	
8	灭火器	22具	转炉区域MCC室	灭火	
9	灭火器	12具	连铸区域MCC室	灭火	
10	灭火器	13具	天车系统	灭火	
11	灭火器	12具	仪表系统	灭火	
12	灭火器	8具	电气系统	灭火	
13	灭火器	2具	各操作室	灭火	
14	电缆线	若干米	电缆备件区	灭火	
15	电工工具	全套	随身携带	灭火	
16	绝缘护品	2套	电气备件区	灭火	
17	消火栓		办公楼区域	灭火	

表 5-3　转炉爆炸应急设备清单

序　号	设 备 名 称	数　量	存 放 地 点	用　　途	备　注
1	灭火器	8具	转炉主控室、转炉平台	灭　火	
2	灭火器	2具	加料跨天车	灭　火	
3	电缆线	若干米	电气备件区	更换电缆备用	
4	电工工具	全套	随身携带	更换电缆或紧急停电备用	

5.5.2　应急预案的演习

应急预案的演习可分为基础演练、单项演练、组合演练和全面演练,见图 5-1。

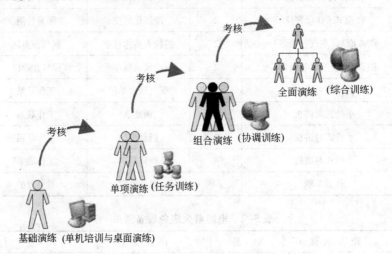

图 5-1　应急演练的类型

(1) 基础演练也称桌面演练,指由应急组织的代表或关键岗位人员参加的,按照应急预案及其标准工作程序,讨论紧急情况时应采取行动的演练活动。桌面演练的特点是对演练情景进行口头演练,一般是在会议室内举行。其主要目的是锻炼参演人员解决问题的能力,以及解决应急组织相互协作和职责划分的问题。

桌面演练一般仅限于有限的应急响应和内部协调活动,应急人员主要来自分厂、车间应急组织,事后一般采取口头讨论形式收集参演人员的建议,并提交一份简短的书面报告,总结演练活动和提出有关改进应急响应工作的建议。桌面演练方法成本较低,主要为功能演练和全面演练做准备。

(2) 单项演练又称功能演练,指针对某项应急响应功能或其中某些应急响应行动举行的演练活动,主要目的是针对应急响应功能,检验应急人员以及应急体系的策划和响应能力。例如,指挥和控制单项演练,其目的是检测、评价相关部门在紧急状况下实现集权式的运行和响应能力,演练地点主要集中在应急指挥中心或现场指挥部,并开展有限的现场活动,调用有限的资源。

单项演练比桌面演练规模更大,需动员更多的应急人员和结构,因而协调工作的难度也随着更多组织的参与而加大。演练完成后,除采取口头评论形式外,还应向主管部门提交有关演练活动的书面汇报,提出改进建议。

(3) 组合演练是指在单项演练的基础上,组织某几项应急响应功能或其中几项应急响应行动举行的演练活动,规模介于单项演练和全面演练之间。

（4）全面演练指针对应急预案中全部或大部分应急响应功能,检验、评价应急组织应急运行能力的演练活动。全面演练一般要求持续几个小时,采取交互方式进行,演练过程要求尽量真实,调用更多的应急人员和资源,并开展人员、设备及其他资源的实战性演练,以检验相互协调的应急响应能力。与单项演练类似,演练完成后,除采取口头评论、书面汇报外,还应提交正式的书面报告。

5.5.2.1 目的

应急预案演习的目的为:提高岗位人员事故发生时的逃生及救护能力;提高事故发生时的应急控制能力。

（1）各相关单位每季度组织煤气事故、大气污染事故、粉尘污染事故演习,相关组成部门要派员参加。演习后对应急预案评价、总结、修改完善,并做好演习记录。

（2）每季度组织对转炉爆炸事故进行应急演习,地点可在转炉平台,验证应急计划和措施。演习由应急小组组成部门相关人员参加。演习后对应急预案评价、总结、修改完善,并做好演习记录。

（3）电气管理单位每季度组织对电缆着火事故进行演习。演习应由应急小组组成部门有关人员参加。演习后对应急预案评价、总结、修改完善,并做好演习记录。

5.5.2.2 内容

应急预案的演习主要包括两部分内容:
（1）岗位人员逃生演习。
（2）应急救援预案的启动和实施。

5.5.2.3 方案

应急预案的演习要根据列出的事故类型制定各自的应急救援预案的演习方案。方案的内容包括目的、演练地点、演练时间、内容和要求、组织部门（单位）、参加部门（单位）。

5.5.2.4 记录和总结

应急救援预案演练中和演练后,要进行记录和总结,对方案修订和完善。

5.5.3 应急预案的培训

制定出应急预案后,要对所有相关人员进行应急救援知识的培训。通过培训,使岗位人员和救援人员,在突发情况下,知道做什么和怎么做。

培训计划:
（1）电缆着火应急预案培训可于每年4月进行。
（2）煤气中毒应急预案培训可于每年6月进行。
（3）转炉爆炸应急预案培训可于每年10月进行。
（4）人身伤害事故应急预案培训可于每年11月进行。
培训人员:全厂各单位相关人员。
培训内容:应急预案相应内容。
记录和考核:不按要求参加应急预案培训及演习者,纳入当月考核。

5.6　炼钢厂主要工序易发事故与应急措施

5.6.1　炼钢工序易发事故与应急措施

5.6.1.1　氧枪粘钢渣

A　可能出现的事故或造成的危害

(1) 氧枪下滑,氧枪横移小车、胶管坠落伤人。

(2) 脚下有积渣摔倒。

(3) 钢钎等工具立放,倒下伤人。

(4) 使用氧气胶管烧粘钢,氧气回火烧人。

B　预防或处理措施

(1) 提(降)氧枪时,氧枪横移小车、胶管下严禁站人。

(2) 及时清理平台积渣。

(3) 钢钎等工具平放。

(4) 烧氧管与胶带连接处用铁丝拧紧,防止漏氧;同时手握胶带;不要握在烧氧管与胶带连接处。

(5) 处理氧枪,站在平台北侧时,插上北侧护栏。

5.6.1.2　冶炼过程中,氧枪提不动或下滑

A　可能出现的事故或造成的危害

可能导致化枪、大量水进入炉内发生爆炸。

B　预防或处理措施

(1) 氧枪因故提不起,首先通知调度安排有关人员处理;其次在主控室关闭氧气、氧枪冷却水电动阀(或到阀门站手动关闭氧气、冷却水截止阀)。

(2) 发现氧枪下滑,迅速按氧枪急停按钮,若急停按钮不起作用,氧枪坠落炉内,首先关闭氧气、氧枪冷却水,其次通知有关人员处理。

(3) 若化枪、大量水进入炉内,严禁动炉,待炉内水分蒸发完后,方可缓慢动炉、处理。

5.6.1.3　系统停电或控制系统死机

A　可能出现的事故或造成的危害

操作系统失去控制,不能进行操作氧枪、投料、开关气体介质等操作,可能引发喷溅。

B　预防或处理措施

吹炼过程中发生系统停电事故,应立即投用 UPS 电源,按"紧急提枪"按钮,将氧枪提升到"等待位";同时,到氧气阀门站人工切断氧气。

吹炼过程中发生控制系统死机事故,应立即按"紧急提枪"按钮,将氧枪提升到"等待位";同时,到氧气阀门站人工切断氧气。

5.6.1.4　冶炼过程中,氧枪喷头化或烟道漏水,造成大量水进入炉内

A　可能出现的事故或造成的危害

(1) 可能引起钢水中氢含量增加,影响钢质量。

(2) 严重时,引起转炉内爆炸。

B 预防或处理措施

(1) 密切注意冶炼过程中炉口火焰的异常变化、氧枪进出冷却水流量差变化,发现化枪,立即提枪更换。

(2) 若化枪、大量水进入炉内,严禁动炉,待炉内水分蒸发完后,方可缓慢动炉、处理。

5.6.1.5 炉口积钢、渣严重,转炉倾动时碰烟道、烟罩

A 可能出现的事故或造成的危害

(1) 影响副枪测量,可能损坏副枪枪体。

(2) 损坏活动烟罩、烟道。

B 预防或处理措施

(1) 及时清理炉口内、外积钢、渣,避免粘钢严重。

(2) 不得强行摇炉,处理干净后,方可动炉。

5.6.1.6 炉口漏水或炉身上有积水

A 可能出现的事故或造成的危害

(1) 炉口或炉身上积渣潮湿,出钢或倒渣时,潮湿积渣进入渣斗、罐引起放炮,钢、渣溅起伤人。

(2) 炉坑内存有积水,出钢或倒渣时,钢、渣溅出后引起放炮,钢、渣溅起伤人。

B 预防或处理措施

(1) 动炉前,确认炉口、炉身上是否有积渣,若有,及时清除后再动炉。

(2) 倒渣时要缓慢,渣车跟进要及时,避免炉渣溅出,同时关闭炉前挡火门及倒渣侧、防溅窗。

(3) 停炉补炉后装铁前,可向炉坑内放部分石灰,适当减少炉坑内积水。

5.6.1.7 烟道积灰、粘渣,氧枪粘钢、渣,副枪孔积渣

A 可能出现的事故或造成的危害

(1) 钢、渣坠落伤人。

(2) 终点时大块烟道积灰掉入炉内可引起出钢大翻,烧坏钢包车电缆与管线。

B 预防或处理措施

(1) 冶炼或出钢过程中,关闭挡火门。

(2) 套出钢口前,先用氮气吹扫烟道,并将氧枪、副枪孔的粘钢、渣处理干净。

(3) 补炉前用氮气吹扫烟道,并将氧枪移出。

(4) 出钢前,发现大块烟道积灰掉入炉内,应倒炉倒渣后再出钢。

5.6.1.8 冶炼过程氧枪回火

A 可能出现的事故或造成的危害

引起火灾、氧气管内爆炸。

B 预防或处理措施

(1) 首先,在主控室内关闭氧气电动阀(或到氧气阀门站手动关闭氧气截止阀)。

(2) 其次,手动关闭氧气总管截止阀。若事故仍蔓延,应通知调度室关闭氧气总阀门。

5.6.1.9　挡渣机构在挡渣过程中,因故不能自动退回

A　可能出现的事故或造成的危害

强行动炉,折断挡渣机伸缩臂,损坏设备。

B　预防或处理措施

(1) 人工手动操作将挡渣臂退回。

(2) 迅速将钢包车开离出钢位。

5.6.1.10　出钢过程中,转炉摇不动

A　可能出现的事故或造成的危害

(1) 出钢口大量下渣进入钢包,造成废品。

(2) 炉渣外溢,烧坏钢包车、电缆、吹氩管线。

B　预防或处理措施

(1) 迅速将钢包车开离出钢位。

(2) 通知有关人员处理。

5.6.1.11　出钢过程中,合金料槽不动作或下垂

A　可能出现的事故或造成的危害

(1) 不能加合金。

(2) 钢包车将合金料槽碰掉。

B　预防或处理措施

(1) 迅速将转炉摇起,处理完毕后再出钢。

(2) 先不动料槽,待钢包车开出后,再处理料槽。

5.6.1.12　中位合金料仓、炉后 CAS 站合金料仓进水,合金潮湿

A　可能出现的事故或造成的危害

(1) 可能引起钢水中氢含量增加,影响钢质量。

(2) 向钢包内加合金时,合金潮湿引起钢、渣外溅,甚至发生爆炸。

B　预防或处理措施

(1) 将潮湿合金放掉(可放入渣斗),并确认料仓内无水后,重新称量合金使用。

(2) 雨雪天,做好合金料仓的确认工作。

5.6.1.13　出钢过程中,钢包车不动作

A　可能出现的事故或造成的危害

钢水泼到钢包外面,烧坏钢包车、电缆、吹氩管线。

B　预防或处理措施

迅速将转炉摇起,停止出钢,待故障处理完毕后再出钢。

5.6.1.14　转炉喷补过程中,气体压力波动,特别是压力过高

A　可能出现的事故或造成的危害

(1) 输料胶管爆裂、伤人。

(2) 喷补罐爆裂、伤人。

B　预防或处理措施

(1) 喷补完毕,及时打开喷补罐泄压阀。

(2) 定期更换输料胶管。

5.6.1.15　钢包烘烤器煤气泄漏、煤气压力突然降低

A　可能出现的事故或造成的危害

煤气回火,引起火灾、爆炸。

B　预防或处理措施

(1) 随时携带煤气报警仪,一旦泄漏,立即处理。

(2) 关闭煤气总阀门,同时严禁明火。

5.6.1.16　清理出钢秤时,浸渍罩上积物坠落

A　可能出现的事故或造成的危害

积物坠落伤人。

B　预防或处理措施

(1) 清理出钢秤之前,将浸渍罩上积物如废钢、覆盖剂、积渣等清理干净。

(2) 派专人监护。

5.6.1.17　副枪枪体冷却水胶管裂,漏水到炉内

A　可能出现的事故或造成的危害

漏水到炉内,发生爆炸。

B　预防或处理措施

若大量水进入炉内,严禁动炉,待炉内水分蒸发完后,方可缓慢动炉、处理。

5.6.1.18　LF 炉处理过程中,炉盖或电极横臂漏水

A　可能出现的事故或造成的危害

(1) 钢包内钢液面上存有积水,可能发生爆炸。

(2) 可能引起二次回路短路等其他电气事故。

B　预防或处理措施

(1) 停止加热,将炉盖、电极升起,停电。

(2) 停止氩气搅拌。

(3) 关闭炉盖或电极横臂冷却水进、出阀门。

(4) 不要移动钢包车,待钢包内水分蒸发完后,将钢包车开离加热位后再处理。

5.6.1.19　LF 处理过程中,钢包壁发红或漏钢

A　可能出现的事故或造成的危害

钢水烧坏钢包车。

B　预防或处理措施

(1) 停止加热,将炉盖、电极升起,停电。

（2）停止氩气搅拌。

（3）迅速将钢包车开到事故坑上方,待处理。

（4）做好对后期钢包的监护,发现险兆及时处理。

（5）对于处理时间大于 2 h 的钢包,加强对包况的监护。

5.6.1.20　LF 炉电极联结不好、夹持器夹在电极白线内

A　可能出现的事故或造成的危害

LF 处理过程中,电极折断。

B　预防或处理措施

（1）停止加热,将炉盖、电极升起,停电。

（2）停止氩气搅拌。

（3）根据折断电极的长、短情况,确定处理方式。若折断电极较短,不影响钢包车的行走,可以将钢包车开出加热位后用事故夹钳吊出;若折断电极较长,影响钢包车的行走,首先将另外两根好电极吊出电极夹持器,其次吊出电极环后,用事故夹钳在加热位处理。

5.6.1.21　VD 处理过程中,出现溢渣

A　可能出现的事故或造成的危害

（1）钢渣外溢,烧坏底吹氩管线。

（2）钢渣外溢,钢包外沿、防溅罩粘渣,增加清理难度。

（3）增加 VD 处理过程中的除尘负担。

B　预防或处理措施

（1）适当降低吹氩强度。

（2）进行手动破真空数次,直至渣面降低、稳定。

5.6.1.22　VD 处理过程中,钢包漏钢

A　可能出现的事故或造成的危害

（1）损坏 VD 罐内设施。

（2）损坏底吹氩管线系统。

B　预防或处理措施

（1）快速关闭真空抽气系统和底吹氩系统的阀门。

（2）破真空。

（3）钢水通过罐底铝封处流入事故坑,事后清理真空罐。

5.6.1.23　吹炼过程中出现喷溅

A　可能出现的事故或造成的伤害

（1）喷溅出的渣子引发倾动侧漏油着火。

（2）炉前炉后 3 m 范围内烫伤人员。

B　预防或处理措施

（1）喷溅操作过程中精心合理操作,减少喷溅发生。

（2）喷溅发生后,检查倾动端油的情况。若起火,及时扑灭。

（3）吹炼过程中，炉前铸铁板区域及炉后挡火门加棒孔处正对 3 m 范围内，不得停留或通过。

5.6.1.24 出钢过程，炉口大块积渣掉下，落入钢包车里面

A 可能出现的事故或造成的伤害

碰坏钢包滑动水口。

B 预防或处理措施

（1）出钢前，确认炉口积渣有无松动现象，若有，及时将积渣清除后再出钢。

（2）若积渣进入钢包车里面，立即停止动车，将转炉摇起，观察积渣是否碰到滑动水口，若能碰到，必须进行处理后，方可继续出钢。

5.6.1.25 入炉废钢潮湿、有积水、有密闭容器

A 可能出现的事故或造成的伤害

兑铁水时，炉内发生爆炸。

B 预防或处理措施

（1）先装废钢（包括补炉第一炉）。装完废钢后，向后摇炉并停留 1 min 左右，使水分尽量蒸发。

（2）装铁水时，指挥人员站在右侧挡火门旁，一旦发生意外，指挥人员迅速向右侧挡火门后躲；摇炉人员迅速躲到厂房柱子后，确保人身安全。

（3）装铁水时，其他无关人员严禁站在转炉周围。

（4）主控工待转炉摇正后，再将主控室前的防爆门落下。

（5）雨雪天加强对废钢的检查。

5.6.1.26 装废钢时，因轻薄料过多不好装而出现天车挂钩脱钩

A 可能出现的事故或造成的伤害

（1）废钢斗或废钢碰坏烟罩、烟道。

（2）废钢斗失控，危及人身和设备安全。

B 预防或处理措施

（1）地面天车指挥人员与摇炉人员、天车工密切配合，避免出现天车挂钩脱钩。

（2）一旦出现天车脱钩，应采取措施，将脱钩重新挂上；若挂不上，应将转炉、废钢斗同时缓慢下落，挂上脱钩后再装废钢。

5.6.2 连铸工序易发事故与应急措施

在连铸机生产过程中，经常会出现因设备、耐材及操作本身原因引起的各种生产事故和异常情况，本书介绍一些板坯连铸常见的生产事故和异常情况，明确其发生的原因及应采取的预防对策，以及事故发生后的最佳处理方法。

5.6.2.1 钢包滑板穿钢或失控

A 可能出现的事故或造成的危害

可能造成人员烫伤。

B　发生原因

(1) 液压站故障(停泵)、电气控制故障(停电)等造成滑板自动关闭。

(2) 检修将进、出油管接反,转包时的自动联锁为关闭状态,造成自动转包时滑板始终处于打开状态且无法关闭。

(3) 滑板装配不当(装配过紧、过松)、滑板有缺陷,造成滑板穿钢。

(4) 烧眼时没有打开滑板,将滑板烧穿。

(5) 油缸活塞杆没有装在卡槽内,导致油缸没有动作。大包滑板油缸如果安装不到位,容易在浇注过程中从滑道里掉出来。

(6) 钢水温度过高,烧穿滑板。

C　预防及处理方法

(1) 立即通知电工处理(普通故障主控工确认后即可重新开泵;故障不消除无法开泵),故障消除后立即打开滑板烧眼继续浇注,当中间包钢水重量小于 8 t 后仍然没有恢复,必须终浇,防止结晶器下渣造成漏钢事故。

(2) 更换油管后大包工必须确认开关动作正确,方可使用。万一发生,待钢包转到位后,反着使用"开"、"关"按钮即可,待本炉浇注完毕处理;如果转包过程已将电气线路烧坏,可使用事故驱动将钢包转出。在无法判断故障原因时,千万不可慌乱,应首先使用事故驱动将钢包转出,防止大面积损坏设备。

(3) 只要发生滑板穿钢,应立即使用正常驱动或事故驱动将钢包转出,不可继续浇注,因为钢包钢水静压力很大,滑板穿钢后很容易扩大,造成平台设备烧坏。

(4) 烧水口前,一定要确认滑板已经全部打开,否则不允许烧眼;判断滑板是否打开可通过油缸活塞伸出长度,是否容易打火等方法判断。万一发生滑板烧穿,不要慌乱,可通过正常驱动或事故驱动将钢包转出,防止烧坏设备。

(5) 安装油缸时确认活塞杆装进卡槽且卡紧,遇到滑动机构不合适、活塞杆略短的情况,可临时松动卡头,将机构装好,本炉浇完后立即恢复,同时将情况向调度反映处理。要把滑道中的冷钢清除,尽量放到最里面;要把支撑架的钢丝绳推到与油缸小于 80° 的角度。

5.6.2.2　钢包窜包

A　可能出现的事故或造成的危害

钢水失控,可能造成群死或群伤事故。

B　发生原因

(1) 在钢包寿命的中后期,局部侵蚀严重已不能使用,但准备工序没有发现。

(2) 钢包坐到大包回转台之前,大包工没有观察确认好钢包状况。

C　处理及预防措施

(1) 如出现窜包及时通知有关人员,如果窜包部位在上部且不再继续渗钢可继续浇注;如果在上部,仍在渗钢应立即转出停止浇注;如果窜包部位在钢包中下部,因为钢包大,钢水静压力大,所以不管情况如何,立即转出钢包停止大包浇注,然后立即将大包吊离钢包回转台,尽可能降低设备损坏程度。

(2) 钢包测温前仔细观察东侧包壁是否发红,坐包后观察西侧包壁是否发红;如果包壁发红不准坐到钢包回转台上,并立即通知工长和调度。

(3) 钢包穿包后,一般钢水四溅,情况危急,在能够安全操作的情况下,应迅速摘下长水口,然后大包工在第一时间首先按下钢包自动换包按钮,然后迅速撤离。在不能安全操作的情况下,应第一时间按下钢包自动换包按钮,然后迅速撤离;如果按钮功能失效,应迅速按下机旁(若在浇注侧穿包可能无法靠近,则只能使用主控室事故驱动)或主控室的事故驱动按钮,将钢包转出,然后迅速指挥天车将钢包吊到指定位置。

5.6.2.3 封顶漏钢

A 可能出现的事故或造成的危害

结晶器爆炸,造成烫伤。

B 发生原因

(1) 封顶前结晶器渣子未捞净,在渣子聚集处坯壳凝固厚度不够。铸坯出结晶器后受弯曲段的向上挤压,导致封顶不良处漏钢。

(2) 终浇时中间包钢渣进入结晶器,未及时捞出或未发现。

C 处理措施

(1) 用喷淋水、细铁屑或铝丝重新进行封顶。

(2) 可降低拉速但不能停止拉矫机,否则会产生鼓肚导致坯尾再次漏钢。

[**案例1**] 连铸机终浇封顶,结晶器放炮

事故经过:

2003年8月3日,连铸机正常终浇。封顶时为加速尾坯冷却,向结晶器内打水,由于尾坯局部没有完全凝固,在冷却水打到较薄的坯壳上时,尾坯放炮。幸好操作人员带有面罩,结晶器周围无人,未造成人身、设备伤害。

原因分析:

(1) 封顶时直接向较薄的坯壳上打水,是造成此次事故的主要原因。

(2) 在搅动钢水液面时,搅动不均匀,尾坯表面结有钢壳,在尾坯打水冷却过程中,容易造成局部冷却较慢,是造成此次放炮的间接原因。

预防措施:

(1) 封顶之前保护渣要尽量捞干净,防止保护渣卷入钢水中。

(2) 在终浇之前,如果结晶器液面结壳严重,用捞渣棒将钢壳捣下去化掉。

(3) 在封顶搅动钢水液面时,搅动的力度和范围要合适,以形成均匀的钢水液面,为打水冷却创造良好的条件。

(4) 封顶中严格按照安全规程要求的高压水不得直接冲击钢液面的要求,根据封顶时不同的情况灵活调整打水的角度。

(5) 确保封顶完好时,方可将尾坯拉出结晶器,以防止出结晶器后尾坯放炮。

[**案例2**] 终浇时中包下渣,尾坯出结晶器漏钢

事故经过:

2003年4月6日,连铸机正常终浇。在中包吨位为4.2t时,结晶器内中包下渣,随即关闭塞棒终浇。由于下渣量不大,没有将中包渣捞出,正常封顶,在尾坯出结晶器以后放炮,造成弯曲段、扇形段的辊子粘钢,处理冷钢,影响生产6h。放炮后,加大冷却水使头部完全冷却,然后迅速将尾坯拉出铸机,以防止冻坯。进入扇形段检查辊子、液压管线、润滑管线、冷却水管道和电气线路是否损坏,清理冷钢。

原因分析:

（1）下渣后没有及时捞出中包渣是造成放炮的主要原因。

（2）下渣后没有确认好就将尾坯拉出。

预防措施：

（1）终浇时，大包工要及时测量中包渣厚及中包钢水深度，及时反馈给中包工。

（2）中包工要根据具体情况控制终浇时中包吨位，适时终浇。

（3）一旦中包下渣，一定将中包渣捞干净后再封顶。

（4）确认封顶封好后，才能将尾坯拉出结晶器。

5.6.2.4　结晶器水系统故障

A　可能出现的事故或造成的危害

结晶器爆炸伤人。

B　结晶器断水原因

停电、水泵故障、阀门故障、管道漏水等。

C　处理措施

（1）发生结晶器水量、压力故障时，机旁有声光报警，确认结晶器事故水已经供应。工长同主控一起尽快找出原因。

（2）立即将拉速降低至"爬行"状态，2 min 之内无法恢复立即停浇，并迅速将铸坯拉离结晶器，这时可不捞渣而直接搅动钢液，然后再按正常程序输出铸坯。

［案例1］　结晶器进水压力低事故

事故经过：

2004 年 3 月 20 日夜班，白中班 20 h 检修后恢复生产，1 时 20 分主控通知送 MD 冷却水，1 时 40 分 MD 水开始送到，但 MD 压力、流量低，然后缓慢升高，持续 10 min 冷却水压力、流量接近正常值，但始终达不到设定值，询问供水单位无异常。打开 MD 事故水手阀后总管压力、流量降低 1/3 左右。后经检查发现 MD 事故水自动方向阀处于半开关状态，遂将方向阀全部关阀，供水压力、流量恢复正常。

事故原因：

事故水压力开关阀故障造成，该阀靠压力大小自动开关一般不会出问题，但一旦出现问题不容易想到该处，出现类似问题要检查该自动方向阀。

预防措施：

（1）出现类似现象要检查该阀的状态是否正确。

（2）通知钳工检修维护好该自动阀。

5.6.2.5　钢包易发事故与应急措施

钢包作为炼钢和连铸中间的纽带，承担着钢水运输的重要任务，而装包工序作为钢包热态使用的检查人和更换滑动水口的操作人，任何一个小的操作失误和疏忽都可能造成一起灾难性的事故。下面介绍钢包出现异常时的应急措施。

（1）钢包在使用过程中出现包壳发红时：

1）在坐包前发现这种情况，及时与调度室联系，并说明情况，在有备用包的情况下，坐备用包，无备用包时，宁可停产。

2）在 CAS 站和出钢后吊运过程中发现这种情况，及时与调度室联系，对发红部位打水冷却并组织钢包进行倒包,将钢水打水时要注意避开发红位置。如发红位置在耳轴以上,则可倒出发红位置以上钢水,剩余部分上连铸继续浇注,如发红位置在耳轴以下,则要全部倒包。

(2) 钢包在使用中出现漏钢时:

1) 如果在出钢过程中,应及时通知调度室和炉前,要求停止出钢,同时将出钢车开至炉坑下,并来回开动平车,防止将钢包车和出钢秤烧坏。

2) 如果在CAS站和吊运过程中,指挥天车将钢包吊至就近的应急坑内,如事故处理斗、LF平车坑内进行处理,同时吊运过程中,要注意避开煤气管道和电缆沟。

3) 如在连铸平台,则将钢包直接转出,将剩余钢水漏至事故包内。

(3) 钢包包壁和渣线部分出现窜钢时:

1) 如果在出钢过程中,应及时通知调度室和炉前,要求停止出钢,如果窜钢位置在耳轴以下,则要求将钢包车开出,组织对窜钢部位打水冷却并组织钢包进行倒包。如在耳轴位置,则只能选择将钢包车开至炉坑下,等漏至渣线以下时,再将钢包车开出上连铸浇注。

2) 如果在吊运过程中,发现耳轴部位出现窜钢,要指挥天车尽快落下天车,同时对漏钢部位打水,待漏至耳轴以下时再进行处理。如果在耳轴以上,则应指挥天车将钢包吊至就近的应急坑,如事故处理斗、LF平车坑内,倒出部分钢,使液面降至漏钢位置以下再进行处理。如果在耳轴以下,则要整体倒包,同时吊运过程中,要注意避开煤气管道和电缆沟。

3) 如在连铸平台,则将钢包直接转出,将剩余钢水漏至事故包内,防止将连铸设备烧坏。同时在操作过程中,要严格按工艺要求,同时注意对钢包易出现问题的薄弱部位如上渣线、下渣线、包底迎钢面、透气砖、滑动水口部位加强观察,避免事故的发生。在事故处理过程中,要冷静头脑,本着安全、可靠、将损失降低到最低的方针,快速、高效地解决事故。

5.6.3　天车系统易发事故与应急措施

5.6.3.1　受钢240t天车主钩脱轮

A　造成事故可能原因及危害

(1) 操作过程中,不按照标准操作,65t钩挂住龙门钩横梁,使其侧翻,造成脱轮。

(2) 操作过程中,注意力不集中,坐包完毕,摘钩、退钩动作不协调,使龙门钩碰铸机大包臂,造成脱轮。

(3) 空车运行过程中,注意力不集中,龙门钩剐、碰地面设施,造成脱轮。

(4) 空钩下降时,限位失灵、注意力不集中,龙门钩落到地面时仍未发现,造成脱轮。

(5) 主钩脱轮后,轻则影响设备运行4~5h,重则造成钢丝绳报废,天车停运15h以上,可能导致人员伤亡。

B　预防或处理措施

(1) 加强安全教育、理论基础知识、操作技能培训,提高天车工安全意识、操作水平和处理突发事故的能力。

(2) 操作过程中,严格按照标准操作,注意力集中,时刻关注大钩、小钩相互位置,避免小钩挂住龙门钩横梁。

(3) 坐包完毕,摘钩、退钩时严格服从地面人员指挥,集中精力、动作协调,使龙门钩顺利脱出铸机大包臂。

(4) 空车运行过程中,严格按照标准操作,严禁用限位停车,集中精力,时刻关注地面人员、设施情况,及时调整运行路线。

（5）主钩脱轮后,及时汇报车间、分厂调度室,并积极配合恢复或更换钢丝绳,最大限度地降低事故影响、损失。

5.6.3.2　加料天车主钩脱轮

A　造成事故可能原因及危害

（1）操作过程中,不按照标准操作,小钩挂住龙门钩横梁,使其侧翻,造成脱轮。

（2）操作过程中,注意力不集中,挂钩或坐包完毕摘钩、退钩动作不协调,使龙门钩碰 KR、倒罐坑平车,造成脱轮。

（3）空车运行过程中,注意力不集中,龙门钩剐、碰地面设施,造成脱轮。

（4）空钩下降时,注意力不集中,龙门钩落到地面或限位失灵,龙门钩落到坑底时仍未发现,造成脱轮。

（5）主钩脱轮后,轻则影响设备运行4~5h,重则造成钢丝绳报废,天车停运15h以上,可能导致人员伤亡。

B　预防或处理措施

（1）加强安全教育和理论基础知识、操作技能培训,提高天车工安全意识、操作水平和处理突发事故的能力。

（2）操作过程中,严格按照标准操作,注意力集中,时刻关注小钩、大钩相互位置,避免小钩挂住龙门钩横梁。

（3）挂钩或坐包完毕摘钩、退钩时,严格服从地面人员指挥,集中精力、动作协调,使龙门钩顺利脱离平车。

（4）空车运行过程中,严格按照标准操作,严禁用限位停车,集中精力,时刻关注地面人员、设施情况,及时调整运行路线。

（5）主钩脱轮后,及时汇报车间、分厂调度室,并积极配合恢复或更换钢丝绳,最大限度地降低事故影响、损失。

5.6.3.3　吊钩组（龙门钩）或所吊重物碰撞地面设施

A　造成事故可能原因及危害

（1）大车运行过程中,不按照标准操作,野蛮操作,吊钩组（龙门钩）或吊物接近地面设施或目的地时,仍不减速,吊钩组（龙门钩）或所吊重物因惯性碰撞地面设施。

（2）操作过程中,注意力不集中,未及时发现地面设施变化,盲目行车,造成吊钩组（龙门钩）或所吊重物碰撞地面设施。

（3）吊运 LF 精炼处理的钢包撞击精炼平台悬臂吊:

1）造成悬臂吊立柱、横臂弯折,悬臂吊损坏甚至报废,悬臂吊附件坠落伤害地面人员。

2）造成钢包滑件脱落,钢包窜钢引发火灾,损坏地面设施、物资等,包括精炼平台及精炼设备、精炼平车、厂房、地面存放的物资等,甚至造成大面积地面人员伤亡。

（4）吊运空钢包,撞击修包悬臂吊,造成悬臂吊立柱、横臂弯折,悬臂吊损坏甚至报废,悬臂吊附件坠落伤害地面人员。

（5）吊运铁水包撞击炼钢平台、KR 处理平车,撞坏、撞飞平台栏杆,平台受损,KR 平车掉道、损坏,甚至铁水溅出造成其他地面设备、设施损坏、人员伤亡。

（6）吊运废钢斗撞击磁吊、转炉，造成磁吊、转炉设备损坏。

（7）其他伤害，如吊运钢包撞击精炼平台、铸机平台，吊运板坯撞击厂房及地面设施，吊运渣斗/盆撞击渣车、地面设施等，造成地面设施损坏或人员伤亡。

B　预防或处理措施

（1）加强安全教育和理论基础知识、操作技能培训，提高天车工安全意识、操作水平和处理突发事故的能力。

（2）操作过程中，严格按照标准操作，严禁野蛮操作，应精力集中、精准操作。当吊钩组（龙门钩）或吊物接近地面设施或目的地时，提前减速、停车。

（3）操作过程中，注意随时观察环境变化及运行路线上的地面设施，及时调整运行路线、行车速度，严禁盲目行车。

（4）吊钩组（龙门钩）或所吊重物碰撞地面设施造成损坏的，及时汇报车间、分厂调度室，并积极配合抢修，最大限度地降低事故影响、损失。

（5）吊运铁水包、钢包碰撞地面设施，造成铁水、钢水泼洒引发火灾、地面设备损坏、人员伤亡时，立即联系分厂安环科、总公司医院、消防队，并积极进行现场抢救，最大限度地降低事故影响、损失。

5.6.4　煤气回收工序易发事故与应急措施

为了保证安全，提高煤气回收的质量，在开新炉、吹炼回炉钢、烟罩漏水严重、炉口漏水严重、汽化冷却烟道漏水严重、氧枪漏水以及氧气切断阀关不严、严重漏氧时均不能进行煤气回收。在回收期遇到大喷、卡料时需提枪处理，二层平台以上发生煤气泄漏，烟罩升降不灵、二文调节执行机构失灵，各联锁装置不起作用时及加压站发出停收信号时，均应停止回收，并进行处理。

在煤气回收中如发生以下情况应采取下列紧急处理措施。

5.6.4.1　风机突然停电

在煤气回收中发现风机突然停电时的操作：

（1）三通阀从回收位置转向放散位置，回转水封关闭。

（2）通知炉前提枪，风机允许开关打到零位。

（3）及时处理、排除事故后，恢复正常。

5.6.4.2　回收净化系统突然停水

回收净化系统的一文、二文、水冷夹套、溢流水封等设备在生产中不准断水，一旦出现事故停水，必须按如下操作：

（1）三通阀从回收转向放散，回转水封关闭。

（2）通知炉前提枪。

（3）风机降速。

（4）及时处理、排除事故后，恢复正常。

5.6.4.3　回转水封逆止阀突然断水

（1）如正在煤气回收中回转水封逆止阀断水，立即操作三通阀从回收转向放散。

（2）事故处理后恢复正常。

5.6.4.4　氮气压力下降

在煤气回收中,操作人员发现氮气压力下降至规定值以下时:

（1）立即操作三通阀从回收位置转向放散位置,回转水封关闭。

（2）及时处理、排除事故后,恢复正常。

5.6.4.5　氮气突然中断

在煤气回收中,发现突然中断氮气要进行如下操作:

（1）通知气柜关进柜阀门。

（2）通知炉前提枪。

（3）"V"形水封补水。

（4）及时处理、排除事故后,操作三通阀从回收转向放散,恢复正常。

5.6.4.6　三通阀故障

在三通阀从回收转向放散或者从放散转向回收中,发现三通阀半开关位置时:

（1）开启旁通阀。

（2）关闭回转水封逆止阀。

（3）三通阀故障排除一切处理完毕后,将三通阀从回收转向放散,恢复正常。

5.6.4.7　煤气爆炸

在煤气回收中,一文发生煤气爆炸事故的处理:

（1）立即操作三通阀从回收转向放散,回转水封关闭。

（2）通知炉前立即提枪。

（3）风机降速。

（4）组织处理事故。

在煤气回收中,风机入口发生煤气爆炸事故的处理:

（1）操作三通阀从回收转向放散,回转水封关闭。

（2）立即停风机。

（3）通知炉前提枪。

（4）"V"形水封补水。

（5）作煤气柜煤气分析。

（6）组织处理事故。

回转水封逆止阀发生煤气爆炸或大冒煤气时的操作处理:

（1）操作三通阀从回收转向放散。

（2）通知气柜关闭进柜阀门,柜前"V"形水封补水。

（3）"V"形水封补水。

（4）通知炉前提枪。

（5）停风机。

（6）通知煤气救护站前来现场抢救和维护现场。

（7）现场人员戴防毒面具维护现场,防止煤气中毒和着火,未戴防毒面具人员按逆风方向脱离危险区。

（8）组织处理事故。

5.6.4.8　风机房大冒煤气

（1）风机房人员要戴好呼吸器。
（2）立即操作三通阀从回收转向放散,回转水封关闭。
（3）通知炉前提枪。
（4）风机降速。
（5）汇报调度室并通知煤气救护站前来现场救护。
（6）风机房值班人员未戴呼吸器的人员要按逆风而逃的原则立即脱离危险区。
（7）组织处理事故。

5.6.4.9　系统漏气或泄爆阀爆开

回收期间风机前管道大量漏气或防爆阀爆开时的处理:
（1）立即停止回收,将三通阀由回收转向放散,回转水封关闭。
（2）炉前提枪(但不应停风机,以免煤气滞留在厂房内造成中毒及爆炸事故。系统运行 20 min 以后,可停风机)。
（3）在测定爆开点内部 CO 未超标的情况下,方可拆开或动火处理。
停机后回收管道大量泄漏煤气时的处理:
（1）应立即停止回收煤气。
（2）立即通知煤气柜进行气柜进口隔离操作。
（3）用氮气吹扫回收管路,经测定管道内部确无煤气的情况下,方可进行检修。

5.7　应急救护与自救

5.7.1　常用的急救技术

如果负伤者伤势较严重,应采取止血、包扎、固定、伤员搬运等急救方法。

5.7.1.1　止血

可采用压迫止血法、止血带止血法、加压包扎止血法和加垫屈肢止血法等进行止血。
（1）压迫止血法适用于头、颈、四肢动脉大血管出血的临时止血。当一个人负了伤以后,只要立刻果断地用手指或手掌用力压紧靠近心脏一端的动脉跳动处,并把血管压紧在骨头上,就能很快起到临时止血的效果。
（2）止血带止血法适用于四肢大血管出血,尤其是动脉出血。用止血带(一般用橡皮管,也可以用纱布、毛巾、布带或绳子等代替)绕肢体绑扎打结固定,或在结内(或结下)穿一根短木棍,转动此棍,绞紧止血带,直到不流血为止。然后把棒固定在肢体上。在绑扎和绞止血带时,不要过紧或过松。过紧会造成皮肤和神经损伤,过松则起不到止血的作用。
（3）加压包扎止血法适用于小血管和毛细血管的止血。先用消毒纱布(如果没有消毒纱布,也可用干净的毛巾)敷在伤口上,再加上棉花团或纱布卷,然后用绷带紧紧包扎,以达到止血的目的。假如伤肢有骨折,还要另加夹板固定。
（4）加垫屈肢止血法多用于小臂和小腿的止血,它利用肘关节或膝关节的弯曲功能压迫血管达到止血目的。在肘窝内放入棉垫或布垫,然后使关节弯曲到最大限度,再用绷带把前臂与上臂(或小腿与大腿)固定。假如伤肢有骨折,也必须先用夹板固定。

5.7.1.2　包扎

有外伤的伤员经过止血后,就要立即用急救包、纱布、绷带或毛巾等包扎起来。

如果是头部或四肢外伤,一般用三角巾或绷带包扎,如果没有三角巾和绷带,可以用衣服和毛巾等物代替。头、面部外伤常采用以下包扎方法:

(1)头顶式包扎法。外伤在头顶部可用此法。把三角巾底边折叠两指宽,中央放在前额,顶角拉向后脑,两底角拉紧,经两耳上方绕到头的后枕部,压着顶角,再交叉返回前额打结。如果没有三角巾,也可改用毛巾。先将毛巾横盖在头顶上,前两角反折后拉到后脑打结,后两角各系一根布带,左右交叉后绕到前额打结。

(2)面部面具式包扎法。面部受伤可用此法。先在三角巾顶角打一结,使头向下,提起左右两个底角,形式像面具一样。再将三角巾顶结套住下颌,罩住头面,底边拉向后脑枕部,左右角拉紧,交叉压在底边,再绕至前额打结。包扎后,可根据情况在眼和口鼻处剪开小洞。

(3)头面部风帽式包扎法。头面部都有伤可用此法。先在三角巾顶角和底部中央各打一结,形式像风帽一样。把顶角结放在前额处,底结放在后脑部下方,包住头顶,然后再将两顶角往面部拉紧,向外反折成三、四指宽,包绕下颌,最后拉至后脑枕部打结固定。

(4)单眼包扎法。如果眼部受伤,可将三角巾折成四横指宽的带形,斜盖在受伤的眼睛上。三角巾长度的1/3向上,2/3向下。下部的一端从耳下绕到后脑,再从另一只耳上绕到前额,压住眼上部的一端,然后将上部的一端向外翻转,向后脑拉紧,与另一端打结。

(5)如果是四肢外伤,则要根据受伤肢体和部位采用不同的包扎法。

1)手足部受伤的三角巾包扎法。将手掌(或脚掌)心向下放在三角巾的中央,手(脚)指朝向三角巾的顶角,底边横向腕部,把顶角折回,两底角分别围绕手(脚)掌左右交叉压住顶角后,在腕部打结,最后把顶角折回,用顶角上的布带或用别针固定。

2)三角形上肢包扎法。如果上肢受伤,可把三角巾的一底角打结后套在受伤的那只手臂的手指上,把另一底角拉向对侧肩上,用顶角缠绕伤臂,并用顶角上的小布带包扎。然后,把受伤的前臂弯曲到胸前,成近直角形,最后把两底角打结。

3)膝(肘)带式包扎法。根据伤肢的受伤情况,把三角巾折成适当宽度,使成带状,然后把它的中段斜放在膝(肘)的伤处,两端拉向膝(肘)后交叉,再缠绕到膝(肘)前外侧打结固定。

4)前臂(小腿)毛巾包扎法。将伤臂的手指间对着毛巾一角,把这一角翻向手背,另一角从手掌一侧翻过手背,并压在掌下,再把毛巾的另一端翻过来,包绕前臂,然后用带子结扎固定。如果是小腿受伤,则把毛巾一角内折在伤腿下部,再用毛巾压另一端包住小腿,最后用带子结扎固定。

5.7.1.3　固定

骨折是一种比较多见的创伤。如果伤员的受伤部位出现剧烈疼痛、肿胀、变形以及不能活动等现象时,就有可能是发生了骨折。这时,必须利用一切可以利用的条件,迅速、及时而准确地给伤员进行临时固定。常见的骨折是四肢骨折和脊柱骨折,根据骨折的不同部位,可采用相应的方法固定。

(1)上肢肢骨骨折固定法。用两块夹板分别放在上臂内外两侧,并用绷带或布带缠绕固定,然后把前臂屈曲固定于胸前。也可用一块夹板放在骨折部位的外侧,中间垫上棉花或毛巾,再用绷带或三角巾固定。

（2）前臂骨折固定法。选取长度与前臂相当的夹板,夹住受伤的前臂,再用绷带或布带自肘关节至手掌向进行缠绕固定,然后用三角巾将前臂吊在胸前。

（3）股骨骨折固定法。用两块夹板,其中一块的长度与腋窝至足根的长度相当,另一块的长度与伤员的腹股沟到足根的长度相当。长的一块放在伤肢外侧腋窝下并和下肢平行,短的一块放在两腿之间,用棉花或毛巾垫好肢体,再用三角巾或绷带分段绑扎固定。

（4）小腿骨折固定法。取长度相当于由大腿中部到足根的长度的两块夹板,分别放在受伤的小腿内外两侧,用棉花或毛巾垫好,再用绷带或三角巾分段固定。也可用绷带或三角巾将受伤的小腿和另一条没有受伤的腿一起固定起来。

（5）脊柱骨折固定法。确定伤员是脊柱骨折后,就不能轻易搬动,应该依照伤员伤后的姿势进行固定。用三块夹板架成工字形,其中一块约75 cm,另两块约60 cm。把长的一块顺着人体,放在紧贴脊柱处,在板和背部之间用毛巾或衣服垫好。把短的两块横压在竖板的两端,分别放在两肩后和腰骶部。先固定上端的一块横板,再固定下端的横板。

骨折固定的注意事项有:

（1）固定物必须将断骨上、下两个关节固定住。

（2）固定物与肢体接触处应垫毛巾、纱布等软垫。

（3）固定时松紧应适宜。四肢固定时,要露出手指或脚趾,便于观察。

5.7.1.4 伤员搬运

A 搬运的原则

（1）上肢骨折多能自己行走,下肢骨折须用担架。

（2）脊柱骨折伤员,应用门板或其他硬板担架,搬运伤员时,使其面向下,由3～4人分别用手托其头、胸、骨盆和腿部,动作一致将其平放到担架上;用三脚巾或其他宽布将伤员绑在担架上以防移动。

（3）颈椎骨折、高位胸椎骨折搬运时,要有专人牵引头部,用砂袋或枕头垫在头颈部两侧,避免晃动。

B 徒手搬运法

（1）扶行法。救护人站于病人一侧,使其身体略靠着救护人。

（2）抱持法。救护者一手放于伤员背部,另一手放于伤员双大腿下,将病人抱起。同时伤员双手抱住救护者颈部。

（3）背负法。救护者蹲在伤员一侧,一手紧握伤员肩部,另一手抱其腿,用力翻身,使其负于救护人背上,而后慢慢起来。

（4）椅托式。甲乙两人在病人两侧对立,甲以右膝、乙以左膝跪地,各以一手入患者大腿之下互相紧握,另外这手延续此交替搭于肩上,支托患者背部。

（5）双人拉车式。两个救护人,一个站在病人的头部,两手插其腋下,抱入怀内;一个站其足部,立在病人中间。两个救护人员步调一致前行。

（6）三人搬运法:三个救护人并排,将患者抱起齐步前进。

C 器械搬运法

（1）帆布担架。现场若无帆布担架,可用棉被或衣服(最好为大衣),翻袖向内成两管,插入木棍两根,再将纽扣妥善扣好即成。将病人平稳轻巧地移上担架,病人头部向后,足部向前。向高处抬时,前面的人要放低,后面的人要抬高;下台阶时相反。

（2）躺椅担架。在躺椅两侧绑上两根木棍。

（3）绳索担架。用木棒或竹竿两根，横木两根，扎成长方形之担架状，然后缠以较坚硬之绳索即成。

D　搬运途中的护理

（1）对危重伤员应做好伤情标志。

（2）对扎止血带的伤病员，每隔 30～60 min 放松一次止血带，每次约 1～2 min。

（3）昏迷伤员取侧卧位，头部偏向一侧，胸、背部以枕头或布卷垫位。每隔 2 h 翻身一次（脊柱骨折者除外）。

（4）抽搐伤员上、下牙齿间垫塞纱布，或者用纱布缠着的筷子垫塞，以免其咬伤舌部。

（5）密切观察伤员病情，一旦发生呼吸、心搏骤停，就采用人工呼吸、心脏按压等方法积极抢救。

（6）伤病员在车上或飞机上应横卧，身体与前进方向成垂直角度。床位要固定住，防止开动、刹车时碰伤。机械搬动时，担架要固定住。

5.7.1.5　急救原则

（1）注意伤员全身情况，对呼吸、心搏骤停者要立即抢救。

（2）有大出血时要先止血。

（3）开放性骨折时，局部要做清洁消毒处理。

（4）用纱布将伤口包好，已暴露在外边的骨头严禁送回组织内。

（5）作简单的骨折固定后，再送往医院处理。脊柱骨折搬运时用木板担架，防止损伤脊髓。

（6）使用镇痛剂，以免疼痛引起休克。

5.7.2　火灾逃生与救护

火灾的发生带有偶然性和突发性。面对这种突发的事件，人们常常表现出惊慌、恐惧和不知所措。其实，发生火灾时，我们应该做到沉着冷静，如果起火现场有三人或三人以上，一般应分工，一人负责向"119"台报警，其他人员应密切协作，迅速取出就近的灭火器材进行扑救，并立即把火焰周围的易燃、可燃物品搬移疏散到安全地方。如果火灾很大需要立刻撤离现场，则需注意以下几点：

（1）首先应该确认避难出口，冷静判断烟雾的趋向和火灾发生的位置，如有两个出口，应选择烟雾少的出口避难，但对于近处的避难出口中，即使浓烟滚滚，也应该屏住气冲出去，此时要尽量避免呼吸烟雾。

（2）当楼梯和走廊烟雾弥漫不能脱身时，首先要关闭门窗。用湿布等堵住烟雾侵袭的间隙，打开朝外的窗户，此时只能利用阳台和建筑物的外部结构来避难。此外，应将上半身伸出窗外，避开烟雾，等待救助。

（3）从大楼的低层脱险时，可以利用安装牢固的漏水槽、管子等，另外可以用缆绳和树木等。

（4）在人员集中的地点如楼梯、出口等处疏散时，切勿乱挤一团，应井然有序地迅速撤离现场。

（5）在逃生中防御浓烟的基本措施是用浸湿的手帕和毛巾捂住嘴和鼻子，采用低姿或匍匐着离开火场。

（6）发生火灾时不能使用电梯，但当发生火灾时，人们已经乘在电梯中，则要立即将电梯停在最近的楼层，迅速跑出去。如果火灾使电气系统发生了故障，电梯停在两层之间，要立即利用电梯内的电话与管理室联系,问明情况后,用手打开门,设法逃往上层或下层的楼面。也可通过电梯间天井的安全出口,逃到上面的楼层去。当电梯处于着火楼层以上时,全体乘客应齐心协力,设法把门打开,逃离险境。

从火灾中救人的方法有:

(1)用喊、听、看、摸等办法,及早发现被困人员。

(2)对神志清醒者,可引导他们撤离险境。对不能行走者,要护送他们出火场。需要穿过火区时,应先将被救人员的头部包好。如烟气很大,应背着伤员匍匐前进。一旦救人的通路被隔断,则可以利用窗口、阳台上送下接,必要时应破墙拆壁,转送伤员。

(3)在人员比较集中的地方发生火灾时,要设法稳定大家的情绪,防止因惊慌失措而引起混乱。同时,疏通火场四面所有的通道,进行紧急疏散,避免发生挤、踩等事故。

5.7.3 触电急救

触电急救的基本原则是动作迅速、方法正确。当通过人体的电流很小时,人体仅产生麻感,对机体影响不大。当通过人体的电流增大,但小于摆脱电流时,人体虽可能受到强烈打击,但尚能自己摆脱电源,伤害可能不严重,当通过人体的电流进一步增大,至接近或达到致命电流时,触电人会出现神经麻痹、呼吸中断、心脏停止跳动等征象,外表上呈现昏迷不醒的状态。这时,不应该认为是生物性死亡,而应该看做是诊断性死亡并且应迅速而持久地进行抢救。有触电者经 4 h 或更长时间的人工急救而得救的事例。有资料指出:从触电 1 min 开始救治者,90% 有良好效果;从触电 6 min 开始救治者,10% 有良好效果;从触电 12 min 开始救治者,救活的可能性很小。由此可知,动作迅速是非常重要的。

5.7.3.1 脱离电源

人触电以后,可能由于痉挛、失去知觉或中枢神经失调而紧抓带电体,不能自行脱离电源。这时,使触电者尽快脱离电源是救活触电者的首要因素。帮助触电者脱离电源的方法如下:

(1)如果触电地点附近有电源开关或电源插销,可立即拉开开关或拔出插销,以断开电源。应注意拉线开关和平开关一般只控制一根线,如错误地安装在工作零线上,则断开开关只能切断负荷而不能切断电源。

(2)如果触电地点附近没有电源开关或电源插销,可用有绝缘柄的电工钳或用有干燥木柄的斧头等切断电线,或用干木板等绝缘物插入触电者身下,以隔断电流。

(3)当电线搭落在触电者身上或被压在身下时,可用干燥的衣服、手套、绳索、木板、木棒等绝缘物作为工具,拉开触电者或移开电线,使触电者脱离电源。

(4)如果触电者的衣服是干燥的,又没有紧缠在身上,可以用一只手抓住他的衣服将其拉离电源。但因触电者的身体是带电的,其鞋的绝缘也可能遭到破坏,救护人不得直接接触触电者的皮肤,也不能抓他的鞋。

(5)如果事故发生在线路上,可以采用抛掷临时接地线使线路短路并接地,迫使速断保护装置动作,切断电源。注意抛掷临时接地线之前,其接地端必须可靠接地。一旦抛出,立即撒手,抛出的一端不可触及触电人及其他人。

(6)设法通知前级停电。

选用上列方法时,务必注意高压与低压的差别。例如,拉开高压开关必须戴绝缘手套等安全用具,并按照规定的顺序操作。各种方法的选用,应以快为原则,并应注意以下几点:

1)救护人不可直接用物或其他金属(或潮湿的物件)等导电性物件作为救护工具,而必须使用适当的绝缘工具;救护人最好用一只手操作,以防自己触电;对于高压电路,应注意保持必要的安全距离。

2）注意防止触电者脱离电源后可能的摔伤,特别是当触电者在高处的情况下,应考虑防摔措施;即使触电者在平地,也应注意触电者倒下的方向,注意防摔。

3）当事故发生在夜间时,应迅速解决临时照明问题,以利于抢救。

4）实施紧急停电应考虑到事故扩大的可能性。

5.7.3.2　现场急救方法

当触电者脱离电源后,应根据触电者的具体情况,迅速地对症救治。对于需要救护者,应按下列情况分别处理:

（1）如果触电者伤势不重、神志清醒,但有些心慌、四肢发麻、全身无力,或触电者曾一度昏迷,但已清醒过来,应使触电者安静休息,不要走动,注意观察并请医生前来治疗或送往医院。

（2）如果触电者伤势较重,已经失去知觉,但心脏跳动和呼吸尚未中断,应使触电者安静地平卧,保持空气流通;解开其紧身衣服以利于呼吸;若天气寒冷,应注意保温;严密观察,速请医生治疗或送往医院。如果发现触电者呼吸困难、微弱或发生痉挛,应准备心跳或呼吸停止后立即做进一步抢救。

（3）如果触电者伤势严重,呼吸或心脏跳动停止,或二者都已停止,应立即施行人工呼吸和胸外按压急救,并速请医生治疗或送往医院。

应当注意,急救应尽快开始,不能等候医生的到来;在送往医院的途中,不能中止急救。现场应用的主要方法是人工呼吸法和胸外心脏按压法。

人工呼吸法是在触电者呼吸停止后应用的急救方法。各种人工呼吸法中,以口对口（鼻）人工呼吸法效果最好,而且简单易学,容易掌握。

施行人工呼吸前,应迅速解开触电者身上妨碍呼吸的衣服,取出口腔妨碍呼吸的杂物以利呼吸道畅通。

施行口对口（鼻）人工呼吸时,应使触电者仰卧,并使其头部充分后仰,鼻孔朝上,以利于其呼吸道畅通,同时把口张开。口对口（鼻）人工呼吸法操作步骤如下（如图 5-2 及图 5-3 所示）:

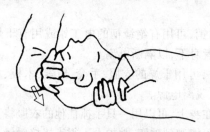 

图 5-2　口对口人工呼吸　　　　　　图 5-3　吹气完毕

1）使触电者鼻孔（或嘴唇）紧闭,救护人深吸一口气后自触电者的口（或鼻孔）,向内吹气,时间约 2 s。

2）吹气完毕立即松开触电者的鼻孔（或嘴唇）,同时松开触电者的口（或鼻孔）,让他自行呼气,时间约 3 s。

一般情况应采用口对口人工呼吸,如果无法使触电者把口张开,可改用口对鼻人工呼吸法。

除口对口（鼻）人工呼吸法外,还有两种人工呼吸法,即俯卧压背法和仰卧压胸法。与口对口（鼻）人工呼吸法相比,这是两种比较落后的方法。口对口（鼻）人工呼吸法不仅简单易行,便于与胸外心脏按压法同时运用,而且换气量也比较大。口对口(鼻)人工呼吸法每次换气量约 1000~1500 mL,仰卧压胸法每次换气量约 800 mL,仰卧压背法每次换气量仅约 400 mL。由此可知,在现场应优先采用口对口(鼻)人工呼吸法。

胸外心脏按压法是触电者心脏跳动停止后的急救方法。

进行胸外心脏按压时应使触电者仰卧在比较坚实的地方,姿势与口对口(鼻)人工呼吸相同。操作方法如下:

1)救护人位于触电者一侧,两手交叉相叠,手掌根部放置正确的压点,即置于胸骨下 1/3~1/2 处。

2)用力向下,即向脊背方向挤压,压出心脏里的血液:对成人应压陷 3~5 cm,每分钟挤压 60~70 次。

3)挤压后迅速放松其胸部,让触电者胸部自动复原,心脏充满血液;放松时手掌不必离开触电者的胸部。

应当指出,心脏跳动和呼吸过程是互相联系的。心脏跳动停止了,呼吸也将停止;呼吸停止了,心脏跳动也持续不了多久。一旦呼吸和心脏跳动都停止了,应当同时进行口对口(鼻)人工呼吸和胸外心脏按压。如果现场仅 1 人抢救,两方法应交替进行,每吹气 2~3 次,再按压 10~15 次,而且频率适当提高一些,以保证抢救效果。

施行人工呼吸和胸外心脏按压抢救应坚持不断,切不可轻率中止,运送医院途中也不能中止抢救。在抢救过程中,如发现触电者皮肤由紫变红、瞳孔由大变小,则说明抢救收到了效果;如果发现触电者嘴唇稍有开合,或眼皮活动,或喉头间有咽东西的动作,则应注意触电者的呼吸和心脏跳动是否已经恢复。触电者自己能呼吸时,即可停止人工呼吸。如果人工呼吸停止后,触电者仍不能自己维持呼吸,则应立即再做人工呼吸。

5.7.4 中毒窒息事故的救护

如果发生中毒窒息事故,则应按照下述方法进行抢救:

(1)抢救人员在进入危险区域前必须戴上防毒面具、自救器等防护用品,必要时也应给中毒者戴上,迅速把中毒者移到具有新鲜风流的地方,静卧保暖。

(2)如果是一氧化碳中毒,应立即采取下述措施:

1)立即打开门窗通风,迅速将患者转移至空气新鲜流通处,卧床休息,保持安静并注意保暖。

2)确保呼吸道通畅,对神志不清者应将头部偏向一侧,以防呕吐物吸入呼吸道引起窒息。

3)头置冰袋以减轻脑水肿,因为经呼吸道吸入肺内的一氧化碳,与血红蛋白的结合力很强,所以,一氧化碳很快与血红蛋白结合成碳氧血红蛋白,不能携带氧,使组织发生缺氧,出现中枢神经系统、呼吸系统、循环系统等中毒症状。

4)迅速送往有高压氧治疗条件的医院,因为高压氧不仅可以降低碳氧血红蛋白的半衰期,增加一氧化碳排出和清除组织中残留的一氧化碳,还能增加氧的溶解量,降低脑水肿和解除细胞色素化酶的抑制。

此外,要注意观察病人的变化,对轻度中毒者,经数小时的通风观察后即可恢复,对中、重度中毒者,应尽快向急救中心呼救。在转送医院的途中,一定要严密监测中毒者的神志、面色、呼吸、心率、血压等病情变化。中毒者还没有停止呼吸或呼吸虽已停止但心脏还在跳动,在清除中毒者口腔、鼻腔内的杂物使呼吸道保持畅通以后,立即进行人工呼吸。若心脏跳动也停止了,应迅速进行心脏胸外按压,同时进行人工呼吸。

（3）如果是因瓦斯或二氧化碳窒息，情况也不太严重的，只要把窒息者移到空气新鲜的场所稍作休息后，就会苏醒的。假如窒息时间较长，就要进行人工呼吸抢救。

（4）在救护过程中，急救人员一定要沉着，动作要迅速。在进行急救的同时，应通知医生到现场进行诊治。

5.7.5 中暑的现场处理

中暑是高温环境下发生的急性疾病，分为先兆中暑、轻度中暑和重度中暑三种，其症状分别如下：

（1）先兆中暑。大量出汗、口渴、耳鸣、胸闷、心悸、恶心及四肢乏力，注意力不集中等。

（2）轻症中暑。除上述症状外，体温在 38.5℃ 以上，面色潮红，皮肤灼热或面色苍白，恶心呕吐，大量出汗，脉搏细弱等。

（3）重症中暑。除具有前述中暑的症状外，昏倒或发生痉挛，皮肤干燥、无汗，体温在 40℃ 以上。

现场处理应注意以下问题：

（1）对先兆及轻症中暑，立即离开高温作业环境到阴凉、安静、空气流通处休息，松解衣扣并给予清凉饮料、淡盐水或浓茶，可服人丹、十滴水等药物。

（2）对重症中暑：

1）立即使中暑者脱离高温环境到阴凉通风处，解开衣扣。

2）头部、两腋下、腹股沟处放置冰袋。

3）用冰水、冷水或酒精擦身。

4）迅速转送附近医院抢救。

参 考 文 献

[1] 刘国财. 安全科学概论[M]. 北京:中国劳动出版社,1998.

[2] 张梦欣. 管理干部安全教育读本[M]. 北京:中国劳动社会保障出版社,2002.

[3] 刘德辉. 应急处置必读[M]. 北京:中国工人出版社,2009.

[4] 杨漫红. 新员工安全知识必读[M]. 北京:中国石化出版社,2002.

[5] "绿十字"安全生产教育培训丛书编写组. 安全生产管理知识[M]. 2002.

[6] 北京达飞安全科技有限公司. 企业员工安全指南. 2003.

冶金工业出版社部分图书推荐

书　名	作　者	定价(元)
中国冶金百科全书·安全环保卷	本书编委会编	120.00
邵象华院士文集——庆祝邵象华院士九十六华诞	本书编委会编	95.00
重大事故应急救援系统及预案导论	吴宗之	38.00
重大危险源辨识与控制	吴宗之	35.00
危险评价方法及其应用	吴宗之	47.00
安全管理技术	袁昌明	46.00
钢铁企业安全生产管理	那宝魁	46.00
冶金企业环境保护(本科教材)	马红周　张朝晖	23.00
安全原理(第2版)(本科教材)	陈宝智	20.00
防火与防爆工程(本科教材)	解立峰	45.00
系统安全评价与预测(第2版)(国规教材)	陈宝智	26.00
安全系统工程(本科教材)	谢振华	26.00
安全系统工程(高职高专教材)	林　友　王育军	24.00
安全评价(本科教材)	刘双跃	36.00
安全学原理(本科教材)	金龙哲	27.00
安全管理基本理论与技术	常占利	46.00
起重机司机安全操作技术	张应生	70.00
冶金生产概论(国规教材)	王明海	45.00
有色金属真空冶金(第2版)(国规教材)	戴永年	36.00
冶金过程数学模型与人工智能应用(本科教材)	龙红明	28.00
可持续发展概论(本科教材)	陈　明　罗家国	25.00
镍铁冶金技术及设备	栾心汉	27.00
特种冶炼与金属功能材料(本科教材)	崔雅茹　王　超	20.00
冶金原理(本科教材)	韩明荣	40.00
冶金热工基础(本科教材)	朱光俊	36.00
钢铁冶金学教程(本科教材)	包燕平	49.00
钢铁冶金原燃料及辅助材料(本科教材)	储满生	59.00
冶金过程数值模拟基础(本科教材)	陈建斌	28.00
炼钢学(本科教材)	雷　亚	42.00
炉外处理(本科教材)	陈建斌	39.00
连续铸钢(本科教材)	贺道中	30.00
冶金设备(本科教材)	朱　云	49.80
冶金设备课程设计(本科教材)	朱　云	19.00
炼钢厂设计原理(本科教材)	王令福	29.00
冶金专业英语(高职高专国规教材)	侯向东	28.00
炼钢工艺及设备(高职高专规划教材)	郑金星　等编	49.00
新世纪企业安全执法创新模式与支撑理论	赵千里	55.00
建筑施工企业安全评价操作实务	张　超	56.00
安全工程实践教学综合实验指导书	张敬东	38.00
化工安全分析中的过程故障诊断	田文德	27.00